SCHRIFTEN AUS DEM GESAMTGEBIET DER GEWERBEHYGIENE
HERAUSGEGEBEN VON DER DEUTSCHEN GESELLSCHAFT FÜR GEWERBEHYGIENE
IN FRANKFURT A. M., PLATZ DER REPUBLIK 49
HEFT 35

Die Verhütung von Gesundheitsschädigungen durch
Anklopfmaschinen

(Die Verhütung der Anklopferkrankheit)

Im Auftrage des Technischen Ausschusses
der Deutschen Gesellschaft für Gewerbehygiene

bearbeitet von

Dr. H. Gerbis
Gewerbemedizinalrat in Berlin

A. Gros
Direktor des Württ. Gewerbe- und
Handelsaufsichtsamtes, Stuttgart

Dr. F. K. Meyer-Brodnitz
Leiter der gewerbehygienischen Abt. beim
Vorstand des Allgem. Deutschen Gewerkschaftsbundes, Berlin

Dipl.-Ing. J. Robinson †
Techn. Aufsichtsbeamter der Bekleidungsindustrie-Berufsgenossenschaft, Berlin

Mit 10 Abbildungen

Berlin
Verlag von Julius Springer
1931

ISBN-13: 978-3-642-93783-5   e-ISBN-13: 978-3-642-94183-2
DOI: 10.1007/978-3-642-94183-2

Alle Rechte, insbesondere das der
Übersetzung in fremde Sprachen, vorbehalten.

Vorwort.

In allen Gewerben strebt man aus wirtschaftlichen Gründen danach, die Handarbeit möglichst durch Maschinenarbeit zu ersetzen. Zweifelsohne wird dadurch in vielen Fällen auch die Tätigkeit der Arbeiter wesentlich erleichtert. Andererseits haben aber die Maschinen manche neue Gefahren für die Arbeiter mit sich gebracht. Von diesen haben erklärlicherweise zuerst die mechanischen Verletzungen — die Unfälle — allgemeine Beachtung gefunden. Im Laufe der Zeit hat sich aber gezeigt, daß einzelne Maschinen auch Gesundheitsschädigungen anderer Art hervorrufen können. Ihre Feststellung und die richtige Erkennung ihrer Ursachen ist nicht immer leicht, besonders wenn sie erst nach längerer Zeit auftreten. Der einzelne Arbeiter merkt natürlich sehr bald, ob das Arbeiten an einer bestimmten Maschine unangenehm ist oder Beschwerden hervorruft, aber er wird nicht immer in der Lage sein, sicher beurteilen zu können, ob ein Leiden, das ihn nach einiger Zeit befällt, damit zusammenhängt. Am ehesten ist dies noch möglich, wenn in einem Betriebe oder in mehreren nahe zusammenliegenden Betrieben eine größere Zahl von Arbeitern an den gleichen Maschinen beschäftigt wird. Dann treten meistens auch die etwaigen nachteiligen Folgen deutlich zutage. Die Arbeiter erkennen in solchen Fällen auch bald die Ursachen und teilen ihre Beobachtungen ihrem Verbande oder den Gewerbeaufsichtsbeamten mit. Auf diese Weise ist auch die Erkrankung der Finger, die durch die Anklopfmaschinen der Schuhfabriken hervorgerufen wird, bekannt geworden. Durch die Ermittelungen, welche die zuständigen Verbände und die Gewerbeaufsichtsbeamten infolgedessen anstellten, ergab sich, daß die Zahl der Erkrankungen verhältnismäßig recht groß ist, und daß die davon Betroffenen oft ziemlich lange die Arbeit aussetzen müssen. Das veranlaßte den Zentralverband der Schuhmacher und den Allgemeinen Deutschen Gewerkschaftsbund im Anschluß an einen Vortrag, den Herr Dr. Meyer-Brodnitz über diese Frage hielt, den Technischen Ausschuß der Deutschen Gesellschaft für Gewerbehygiene zu bitten, nach technischen Mitteln und Wegen zu suchen, die geeignet sind, die Erkrankungen zu verhüten. Der Technische Ausschuß setzte dazu einen besonderen Unterausschuß ein, dem die Herren Direktor Gros, Stuttgart, als Vorsitzender, Dipl.-Ing. Robinson (†), Berlin, Bekleidungs-Industrie-Genossenschaft, Dr. Meyer-Brodnitz, Berlin, ADGB., Th. Rienecker, Frankfurt a. M., Zentralverband christlicher Lederarbeiter Deutschlands, C. A. Schwarz, Berlin, Verband deutscher Schuhmaschinenfabrikanten, Verbandsvorsitzender J. Simon, M. d. R., Nürnberg, Zentralverband der Schuhmacher, und L. Stadler, Niederlößnitz, Reichsverband der deutschen Schuhindustrie angehörten. Da in den Verhandlungen auch ärztliche Fragen zur Sprache kamen, so beauftragte der Ärztliche Ausschuß der Deutschen Gesellschaft für Gewerbehygiene die Herren Gewerbemedizinalrat Dr. Gerbis und Dr. Meyer-Brodnitz mit deren Bearbeitung. Das Ergebnis der mühevollen und zeitraubenden Erhebungen und Verhandlungen liegt in der nachstehenden Schrift vor, die von den Herren Direktor Gros, Dipl.-Ing. Robinson (†), Gewerbemedizinalrat Dr. Gerbis und Dr. Meyer-Brodnitz verfaßt ist.

Ihnen sowie allen Mitgliedern des Ausschusses, die in opferwilliger Weise sich in den Dienst der Sache gestellt haben, zu danken, ist mir eine angenehme Pflicht.

Frankfurt a. M.
───────────, im Juni 1931.
Berlin

Deutsche Gesellschaft für Gewerbehygiene.
Der Vorsitzende des Technischen Ausschusses:
Dr. Leymann,
Geh. Oberregierungsrat.

Inhaltsverzeichnis.

	Seite
Vorwort	3
I. Das Anklopfen. — Die Anklopfmaschine und ihre unmittelbare Einwirkung auf den Arbeiter	7
1. Das Anklopfen	7
2. Die Anklopfmaschine	8
a) Anklopftrommel und Hammer	8
b) Die Schlagzahlen der Klopfwerkzeuge	12
3. Die unmittelbare Einwirkung der Anklopfmaschine auf den Arbeiter.	12
II. Die Krankheit der Anklopfer	13
1. Frühere Untersuchungen und Beobachtungen	13
2. Die neuen Untersuchungen und Erhebungen	17
3. Die verschiedenen Grade der Anklopferkrankheit	22
4. Der Einfluß der Anklopferkrankheit auf die Arbeits- und Erwerbstätigkeit	24
5. Andere Krankheitserscheinungen und Klagen	26
III. Mittel zur Verhütung von Erkrankungen	27
1. Organisatorische Maßnahmen	27
2. Technische Hilfsmittel	28
Zusammenfassung	33
Anlage 1: Fragebogen über Gesundheitsschädigungen bei Anklopfern in der Schuhindustrie	34
Anlage 2: Merkblatt für die untersuchenden Ärzte	35

I. Das Anklopfen. — Die Anklopfmaschine und ihre unmittelbare Einwirkung auf den Arbeiter.

1. Das Anklopfen.

Im Gang der Lederschuhherstellung ist das Anklopfen eine Nacharbeit, die erforderlich ist, um die beim Zwicken — der ersten (behelfsmäßigen) Verbindung des über den Leisten gezogenen Schaftes mit der Brandsohle — entstandenen Falten, den „Zwickeinschlag", zu beseitigen bzw. zu glätten und weiterhin auch die Ferse und nötigenfalls die Spitze des Schuhes so zu bearbeiten, daß die Kanten möglichst scharf heraustreten. Abb.1 zeigt die Sohlenseite eines „durchgenähten" (Mac-Kay-) Schuhes, bei dem das Anklopfen der ganzen Ferse und dann wieder des Teiles vom Ballen bis zur Spitze erforderlich ist. Ähnlich ist es im allgemeinen beim „Ago"-Schuh. Beim „Rahmen"-Schuh bedingt die Eigenart des Herstellungsverfahrens ein Anklopfen nur an der Ferse. Das Anklopfen ist um so nötiger, dann aber auch um so anstrengender, je stärker das Leder des Schuhes ist.

Abb. 1. Sohlenseite eines durchgenähten (Mac-Kay-) Schuhes.

Ursprünglich wurde das Anklopfen von Hand mittels eines Hammers vorgenommen. Wie aber die Maschine überhaupt in der Schuhindustrie die Handarbeit fast ganz verdrängt hat, so ist es auch hier geschehen. Fast alle Fabriken besitzen heutzutage eine Anklopfmaschine, wenn auch die kleineren sie nicht während der vollen Arbeitszeit ausnutzen können.

Die Verbreitung der Anklopfmaschine in der Schuhindustrie ist derart, daß sich zur Zeit in rund 2350 deutschen Fabriken (530 mit 50 und mehr, 1820 mit weniger als 50 Arbeitnehmern) schätzungsweise 2000—2500 Maschinen befinden. Aus der Maschinenzahl aber auf eine ebenso hohe Zahl von vollbeschäftigten Anklopfern schließen zu wollen, geht nicht an, da die Maschinen in den einzelnen Fabriken zeitlich zu verschieden in Anspruch genommen werden. In einem modernen Großbetrieb wurden etwa 0,6% der männlichen Arbeiter als Anklopfer festgestellt. Durchschnittlich wird man aber wohl 1—1,5% rechnen können. Die Gesamtzahl der vollbeschäftigten Anklopfer läge dann etwa zwischen 600 und 950.

2. Die Anklopfmaschine.

a) Anklopftrommel und Hammer.

Eine der ersten und einfachsten Anklopfmaschinen (Abb. 2) brachte anfangs 1905 die United Shoe Machinery Corporation in Boston und Paterson, deren Tochtergesellschaft die bekannte Deutsche Vereinigte Schuhmaschinengesellschaft G. m. b. H. (DVSG) in Frankfurt a. M. ist, heraus. Die Maschine diente im besonderen zum Anklopfen des Fersenteiles am Rahmenschuhwerk. Sie hatte einen Ständer, auf welchem der Schuh aufgesteckt und dann gegen zwei Hämmer geführt wurde, von denen der eine für die Seiten, der andere für die Sohlenfläche bestimmt war.

Noch in demselben Jahr wurde dem Amerikaner S. J. Wentworth in Newport eine Maschine patentiert (DRP. Nr. 172433), die in der Verwendung einer horizontal gelagerten

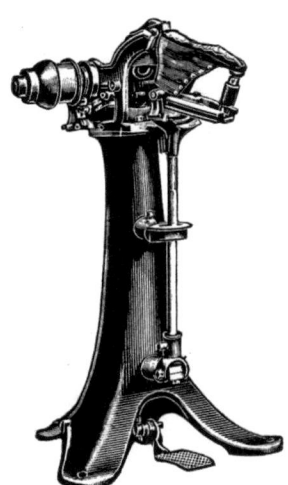

Abb. 2. Anklopfmaschine der „United" von 1905.

Anklopftrommel

mit hoher Umdrehungszahl bzw. der Auswertung der Fliehkraft von kleinen, mit der Trommel verbundenen Klopfwerkzeugen grundlegend für die heute allgemein verwendete Art von Anklopfmaschinen geworden ist. Die Wentworthsche Trommel (Abb. 3) bestand aus einer Anzahl voneinander unabhängiger Hämmer a, deren Flanken nach innen gegeneinander liefen und in der Mitte zickzackförmige Stoßfugen bildeten. Die Hämmer waren je für sich im Innern der Trommel mittels federnder Arme an einer auf der Antriebwelle sitzenden Muffe befestigt, so daß die Fliehkraft beim Auftreffen der Hämmer auf den gegen die Trommel gehaltenen Schuh nicht starr, sondern wegen der Federn nachgebend wirkte.

Der Wentworthsche Grundgedanke wurde wesentlich verbessert in einer der „United" im Jahre 1908 patentierten Maschine (DRP. 235044), wie sie die Abb. 4 zeigt. Die Trommel besteht bei ihr aus zwei seitlichen Scheiben, die durch eine Anzahl von Bolzen miteinander verbunden sind. Auf den Bolzen sitzt je eine größere Anzahl von schmalen und leichten Ringen lose mit einigem Spiel, die während des Ganges der Maschine durch die Fliehkraft nach außen geschleudert werden und nach innen ohne weiteres nachgeben, wenn sie mit dem gegen sie gedrückten Schuh in Berührung kommen. Diese amerikanische Maschine, die in ihrer ganzen Konstruktion bis heute fast unverändert geblieben ist, ist in ihrer Gesamtanordnung wie auch in ihren Einzelheiten für alle modernen Anklopfmaschinen maßgebend geworden.

Der Nachbildung der Maschine durch deutsche Firmen stand und steht auch heute noch das wertvolle Patent der losen Aufreihung der

Ringe auf die Trommelbolzen entgegen. Durch dieses System wird eben gleichzeitig der Vorteil eines kräftigen Schlages und der eines elastischen Nachgebens erreicht, welch letzteres für den Anklopfer von besonderem Wert ist. Es blieb den Firmen also nur die Verwendung von Werkzeugen ohne losen Sitz übrig. Die dabei von den deutschen Firmen eingeschlagenen Wege haben teilweise interessante und im allgemeinen durchaus befriedigende Ergebnisse erzielt.

Die Maschinenfabrik Moenus A.-G. in Frankfurt a. M. konstruierte zunächst eine Maschine (DRP. 252420, 257228 und 257604), die sich heute noch, wenn auch nur in geringer Zahl, in den Fabriken vorfindet (Abb. 5). Die Maschine enthält im Innern der Trommel einen Luftschlauch mit gepreßter Luft. Schlagrollen, die auf dem Umfang der Trommel angeordnet sind, werden einzeln von besonderen Rollenhaltern getragen, die auf Zapfen aufgereiht sind und sich auf den Umfang des Luftschlauches auflegen. Nach außen ist ihre Bewegung begrenzt, nach innen können sie unter Überwindung des Schlauchdruckes etwas nachgeben. Eine besondere Ausführungsart der Maschine entstand dadurch, daß ein „Vorhang" (siehe Abb. 5) aus biegsamem Stoff zum Herabziehen zwischen die Klopfwerkzeuge und das Werkstück angebracht wurde; dadurch wurde die Klopfwirkung gemildert. Die Maschinen zeigten aber im Gebrauch doch gewisse Mängel, so daß die Firma später auch zu dem amerikanischen System, jedoch mit exzentrisch und ohne Spiel gelagerten Klopfrollen, überging, das sich gut eingeführt hat. In neuester Zeit hat die Firma eine vollständig selbsttätige Anklopfmaschine (DRP. Anmeldung. Akt. Z. M. 109210—71c) konstruiert, über die aber praktische Erfahrungen noch nicht vorliegen; sie ist auf S. 29 (Abb. 8) näher besprochen.

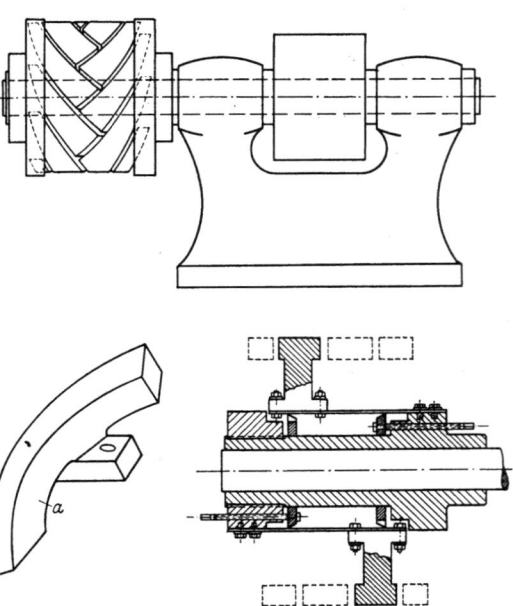

Abb. 3. Anklopfmaschine von S. J. Wentworth in Newport. (Erklärung im Text.)

Die Atlas-Werke Pöhler & Cie. in Leipzig versuchten in früheren Jahren die Schlagkraft durch nachgiebige Stäbe, Gummi und andere elastische Unterlagen zu mildern, dabei litt jedoch die Arbeitsgüte und die Firma führte deshalb auch exzentrisch gelagerte Klopfringe ein. Als Sonderheit besitzt die Maschine der Atlas-Werke seitlich über den

Trommelkörper hinausstehende Klopfringe (DRP. 434774) zum Anklopfen gesprengter Gelenke.

Die Anklopfmaschine der Firma Adrian & Busch, Maschinenfabrik für die Schuhindustrie in Oberursel bei Frankfurt a. M., hat als Klopfwerkzeuge flache Scheiben mit exzentrisch gebohrtem Loch. An der Maschine sind parallel zu den Bolzen laufend noch besondere Haltestangen angebracht, die verhindern, daß die Ringe sich ganz radial einstellen, und erreichen, daß sie beim Andrücken des Schuhes federnd nachgeben.

Abb. 4. Neuzeitliche Anklopfmaschine für Mac-Kay-Arbeit.

Bei den bisher beschriebenen Maschinen sind die Ringe auf parallel zur Trommelachse laufenden Bolzen aufgereiht, es kommen also sämtliche Klopfringe einer Reihe gleichzeitig und die zweier aufeinanderfolgenden Reihen in kurzen Zeitabständen nacheinander zur Wirkung. Dadurch entstehen kleine, ruckartige Stöße. Diesen Nachteil vermeidet im überhaupt möglichen Rahmen die Anklopfmaschine „Sieger" (DRP. 282365) der Nolleschen Werke, Kommanditgesellschaft in Weißenfels a. S. Die Firma verwendet auch scheibenförmige, exzentrisch gelagerte Werkzeuge. Diese sind aber nicht unmittelbar neben, sondern in einigem Abstand voneinander auf die Bolzen aufgereiht. Dadurch entstehen Zwischenräume, in welche die Werkzeuge der anschließenden Reihen eintreten können; die Reihenabstände können also kleiner gehalten werden als bei durchgehenden Rollenreihen. Die Nollesche Maschine hat auch 24 Bolzen, während sonst deren Zahlen zwischen nur 14 und 18 schwanken. Einen weiteren Vorteil bietet die Konstruktion der Maschine dadurch, daß die Bolzen nicht parallel, sondern schräg zur Drehachse der Anklopfwalze liegen. Dadurch wird erreicht, daß die Werkzeuge nicht serienweise gleichzeitig, sondern je für sich in kürzesten Zeiträumen nacheinander ihre Schlagwirkung ausüben. Die bei den übrigen Maschinen zwischen den Rollenreihen vorhandenen Leerräume werden hier so gut als möglich überbrückt und der Stoß der Schläge wird dadurch wesentlich gemildert. Abb. 6 zeigt eine schematische Darstellung der Nolleschen im Vergleich mit der normalen Anordnung.

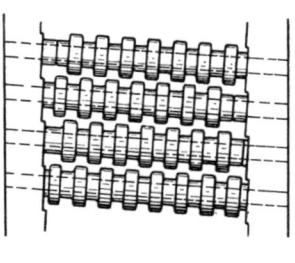

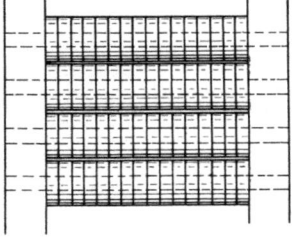

Abb. 6. Schematische Darstellung der Nolleschen (oben) und der gewöhnlichen (unten) Anordnung der Schlagringreihe.

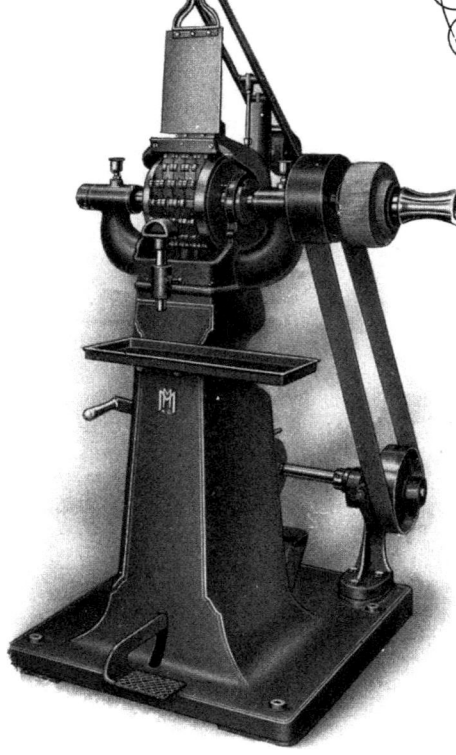

Abb. 5. Anklopfmaschine mit Luftschlauch innerhalb der Trommel und „Vorhang".

Im vorstehenden sind diejenigen Teile der Anklopfmaschine beschrieben, die zum Glätten des Zwickeinschlages auf der Sohle des Schuhes dienen. Wie schon erwähnt, müssen aber nach dem Zwicken auch Ferse und Spitze seitlich der Leistenform gut angepaßt werden, damit die dort gewünschten Kanten scharf hervortreten. Für diesen Zweck war früher teilweise an den Maschinen über der Walze eine eiserne Platte fest angebracht, an die der Schuh mit den Händen angepreßt wurde. Dies hat sich als nicht ausreichend erwiesen, und deshalb ist an den heutigen Maschinen durchweg unmittelbar über der Walze ein mechanisch betriebener

Hammer
(siehe Abb. 4) angebracht, der, durch einen Exzenter (Nocken) betätigt, eine große Zahl je nach seiner Einstellung mehr oder weniger starker Schläge auf die anzuklopfende Schuhseite ausübt.

b) Die Schlagzahlen der Klopfwerkzeuge.

Es ist einleuchtend, daß die Umdrehungszahlen der Anklopftrommeln sehr hohe sein müssen, einmal, um den Klopfwerkzeugen bei ihrer geringen Masse doch eine kräftige Schlagwirkung zu geben und dann, um durch rasche Aufeinanderfolge der Ringreihen stoßartige Schläge nach Möglichkeit zu vermeiden. Tatsächlich bewegen sich die minutlichen Umdrehungszahlen der neueren Maschinen etwa zwischen 1200 und 2000, und da die Trommeln zwischen 14 und 24 Bolzen besitzen, so errechnen sich für die einzelnen Maschinensysteme rund 17—36 000 Schläge, die je Minute auf den angedrückten Schuh klopfen, bzw. es erfolgen die Schläge in Zeitabständen von etwa $1/280$ bis $1/600$ Sekunde.

Die Schlagzahlen der Hämmer bewegen sich zwischen etwa 2000 und 10 000.

3. Die unmittelbare Einwirkung der Anklopfmaschine auf den Arbeiter.

Die Arbeit des Anklopfens ist schon an sich eine stark anstrengende. Der Arbeiter steht, mit der linken Schulter nach vorne, etwas schräg vor der Maschine und drückt sein Werkstück, den Leisten mit dem übergezogenen Schaft, mit beiden Händen gegen die Trommel und gleichzeitig auch gegen den Hammer. Er bedarf dazu der ganzen Arm- und Körperkraft, wobei das Maß der Inspruchnahme einigermaßen bedingt wird durch die größere oder geringere Geschicklichkeit, die Schläge der Trommel und des Hammers durch elastisches Stehen aufzunehmen. Die Kraftleistung allein hat keine Gesundheitsschädigungen zur Folge. Diese treten nur auf infolge der hohen Schlagzahlen, die sich insbesondere auf die Hände und die Arme der Arbeiter fortpflanzen, in ihnen ständige Vibrationen und als deren Folge die im nächsten Abschnitt besprochenen Erkrankungen hervorrufen.

Es ist die Frage aufgeworfen worden, ob die Schädigungen der Arbeiter mehr durch die Anklopftrommel oder durch den Hammer verursacht werden, um danach die technischen Abhilfemaßnahmen richtiger treffen zu können. Die Befragung der Arbeiter hat zu keinem brauchbaren Ergebnis geführt, da ihre Meinungen unbeeinflußt stark auseinandergingen. Bei näherer Erörterung kam dann die Auffassung mehr zum Durchbruch, daß die Schläge des Hammers schwerer aufzunehmen seien als diejenigen der Trommel, weil sie eben, mehr als die letzteren, unmittelbar und ohne die Möglichkeit ihrer Milderung durch eine Haltevorrichtung in derselben Richtung wirkten, in der die Hände und Arme der Arbeiter lägen. Ganz überzeugend ist diese Auffassung wohl nicht, und theoretische Erwägungen führen ebenfalls nicht zum

Ziel. So viel wird aber hiernach immerhin gesagt werden können, daß der Wert der bisher, namentlich für das Anklopfen von Mac-Kay-Schuhen, vielfach verwendeten Entlastungsmittel in der Form eines parallel zur Trommelachse und unmittelbar vor der Trommel angebrachten Schuhauflagebügels oder der an jeder Maschine vor der unteren Trommelhälfte angeordneten verstellbaren Leistenstütze nicht allzu hoch eingeschätzt werden darf.

II. Die Krankheit der Anklopfer.
1. Frühere Untersuchungen und Beobachtungen.

Die Klagen der Anklopfer über Gesundheitsstörungen infolge der Anklopferarbeit sind ohne Zweifel nicht allgemein nervöse Beschwerden, sondern sie weisen eine ganz charakteristische und eigenartige Gleichartigkeit auf. Die erste wissenschaftliche Veröffentlichung über diese Erkrankung gab Gewerbemedizinalrat Dr. Gerbis, dem die Erfurter Schuhfabrikarbeiter die Krankheit als eine gewöhnliche Krankheit der Anklopfer — und nur dieser Berufsgruppe — schilderten. In seinem Jahresberichte über das Jahr 1922 schrieb Gerbis: ,,Die Anklopfmaschinen, bei denen der Schuh gegen eine mit beweglichen Hämmerchen oder Ringen besetzte rotierende Trommel gedrückt wird, erschüttern den Körper nicht unbeträchtlich. In einigen Fällen wurden bis zum Kreuze hinaufziehende Schmerzen in den Beinen geklagt. Häufiger ist die Angabe, daß die Schmerzen nur in den Vorderarmen auftreten, die ja den meisten Druck ausüben und die Erschütterungen hauptsächlich aufzufangen haben. Die Hände und Finger werden kalt und taub und schmerzen besonders morgens und bei kalter Witterung. Es handelt sich offenbar um einen nervösen Krampfzustand der Adern, eine Übererregbarkeit der gefäßverengenden Nerven. Die Übererregbarkeit kann nach Aufgeben der Anklopferarbeit noch jahrelang bestehen bleiben[1]."

Auch in dem ,,Handbuche der sozialen Hygiene und Gesundheitsfürsorge", herausgegeben von Gottstein, Schloßmann, Teleky, Bd. 2[2], beschreibt Gerbis die Anklopferkrankheit, er weist darauf hin, daß an kühlen Tagen durch die Störungen auch der Arbeitsertrag der ersten Arbeitsstunden empfindlich leidet.

Der Zentralverband der Schuhmacher lenkte im Jahre 1927 in Nr. 13 seiner Verbandszeitung ,,Der Schuhmacher" die allgemeine Aufmerksamkeit auf Schädigungen durch die Anklopfmaschine. Es wurde über einen besonders schweren Fall berichtet (J.-Göttingen), in welchem ein Gutachten der II. Medizinischen Klinik der Charité zu Berlin eine Erwerbsminderung um 80% angenommen hatte. Nachdem auf diese Veröffentlichung hin viele andere Klagen bekannt wurden, veranstaltete der Zentralverband der Schuhmacher eine Umfrage, bei welcher von den 301 befragten Anklopfern nicht weniger als 231 die bezeichneten Beschwerden meldeten. Dieses überraschende Ergebnis hat die Sozialhygienische Abteilung des Allgemeinen Deutschen Gewerkschaftsbundes (Dr. Meyer-Brodnitz) veranlaßt, mit Unterstützung durch Dr. F. Riesenfeld-Hirschberg eine Reihenuntersuchung an Anklopfern durchzuführen, über die der letztgenannte[1] berichtete. Es wurden im ganzen 32 Anklopfer untersucht, die zwischen 19 und 56 Jahre alt waren, mit kürzester Arbeitsdauer von 3 Wochen, längster von 8 Jahren. Nur drei der Untersuchten waren völlig beschwerdefrei, einer mit einer Arbeitsdauer von 6 Wochen, der zweite mit einer solchen von $1^3/_4$ Jahren, der dritte von 8 Jahren. Nur der letzte hatte täglich volle 8 Stunden hindurch angeklopft. Alle übrigen 29 Leute hatten übereinstimmend die bereits erwähnten Beschwerden: Weißwerden der Fingerhaut, Gefühllosigkeit und Absterben der Finger, besonders der rechten Hand. Offenbar wurde in der warmen Jahreszeit untersucht, denn es wurde bei keinem der Untersuchten ein objektiver Befund erhoben. Einige der Befragten klagten auch über nervöse Allgemeinstörungen, Mattigkeitsgefühl, gesteigerte Erregbarkeit. Bei drei Arbeitern, die Alkoholismus zugaben, waren die Störungen besonders frühzeitig aufgetreten. Die Erkrankung wurde als eine funktionelle und morphologische Störung der Fingerhautkapillaren angesprochen, Untersuchungen mittels des Kapillarmikroskops in Aussicht gestellt.

In einer Veröffentlichung von Meyer-Brodnitz und E. Wollheim: „Kapillarfunktionsstörungen als Berufskrankheit durch Schuhanklopfmaschinen[2]" sind die Ergebnisse der in der II. Medizinischen Klinik der Charité durchgeführten Untersuchungen mitgeteilt. Untersucht wurden 20 Arbeiter im Alter von 21—47 Jahren, die sämtlich die als charakteristisch bezeichneten Beschwerden hatten. Zum Vergleiche wurden in gleicher Weise noch 12 Arbeiter aus Schuhfabriken untersucht, die niemals an Anklopfmaschinen gearbeitet hatten. Es sei vorweggenommen, daß bei diesen 12 Kontrolluntersuchungen sich nicht in einem einzigen Falle jene Störungen fanden, die bei den 20 Anklopfern durchweg vorhanden waren.

Kapillarmikroskopisch wurden die Kapillaren am Nagelfalz des vierten Fingers rechts und links, am Handrücken, an der Lippenschleimhaut, an der Brusthaut und zum Teil an den Beinen untersucht. Störungen fanden sich nur an den unmittelbar betroffenen Gebieten, nämlich nur an den Fingern und mehrfach auch an den Händen. Es wurden jedoch in keinem Falle ausgesprochene morphologische Veränderungen an den Kapillaren gefunden. Dagegen zeigten die funktionellen Prüfungen durchaus deutlich, daß eine gesteigerte Erregbarkeit der Hautkapillaren in den betroffenen Bezirken bei allen 20 untersuchten Anklopfern vorlag. Auf Reize, die bei normalen Kapillaren nur zu einer rasch vorübergehenden Zusammenziehung mit nachfolgender Erweiterung führten, reagierten die erkrankten Kapillargebiete mit einer dauerhaften krampfigen Verengerung. Die Reize waren Bestreichen mit und ohne Drosselung des Blutstromes und ein Kältereiz.

Wenn man mit der Kante eines Holzspatels leicht über die Haut streicht, so kommt es bei der überwiegenden Mehrzahl Normaler zu einer Erweiterung der von der mechanischen Reizung betroffenen End-

---

[1] Zbl. Gewerbehyg. **1928**, H. 1.   [2] Zbl. Gewerbehyg. **1929**, H. 9.

kapillaren, es zeigt sich ein roter Strich auf der Haut. Aber auch die umgebenden Kapillaren werden mitgereizt, es bildet sich also um die Strichrötung ein heller roter Hof mit unregelmäßiger, zackiger Abgrenzung. Diese normale Reaktion zeigten die Anklopfer durchweg an den nichterkrankten Hautbezirken des Rumpfes, der Lippen, der Beine. In den funktionell veränderten Kapillargebieten dagegen bewirkte der gleiche mechanische Reiz eine mehr oder weniger andauernde Kontraktion der erregten Kapillaren und es bildete sich ein scharf begrenzter weißer Strich, der von einem rötlichen Hofe umgeben ist. Dieser „weiße Dermographismus" zeigte sich bei 8 Anklopfern am Handrücken, bei 6 auch noch an der Streckseite des Unterarmes.

Noch schärfer wird diese Kapillarstörung sichtbar, wenn man in dem sogenannten Okklusionsversuche nach Lewis den Oberarm abschnürt. Jetzt fällt der Einfluß der Blutströmung, des nachdrückenden Blutes, fort, man sieht Kapillarreaktion in reinster Form. Bei dieser Untersuchung zeigten alle 20 Anklopfer einen sofort auftretenden und minutenlang anhaltenden weißen Strich, eine dauerhafte Kontraktion der Endkapillaren. Auch wenn man die Faust kräftig zusammendrücken läßt, so daß sich die Druckstellen der Fingerkuppen in der Hohlhand als weiße Flecken zeigen, und dann den Oberarm abschnürt, weisen die Hände der Anklopfer bemerkenswerte Abweichungen auf. Es dauert nämlich bei ihnen durchschnittlich 80 Sekunden, bis die weißen Druckflecke sich röten, während beim Normalen diese Rötung schon in durchschnittlich 25 Sekunden auftritt.

In ganz ähnlicher Weise zeigt sich die erhöhte Krampfbereitschaft der Kapillaren der Anklopferhand bei Abkühlung durch ein Eisstück, das man durch 1—2 Minuten in der Hohlhand halten läßt. Während bei gesunden Kapillaren nach einem solchen Versuche rasch eine helle, manchmal bläuliche Rötung auftritt, zeigt die Anklopferhand eine scharfrandige Blässe mit rotem Hofe. Hier läßt sich auch mit dem Kapillarmikroskope die krampfige Kontraktion der Endkapillaren nachweisen. Sie hält oft mehrere Minuten an.

Meyer-Brodnitz und Wollheim sehen in diesem Verhalten der Kapillaren eine Folge der übermäßigen mechanischen Reizung durch die Erschütterungen bei der Anklopfarbeit. Jeder mechanische Abkühlungsreiz führt zu einer starken Zusammenziehung der Endkapillaren. Diese Funktionsstörung läßt die von den Anklopfern übereinstimmend vorgebrachten Beschwerden vollkommen verständlich erscheinen.

Derartige krampfige Zusammenziehungen der Blutgefäße an gipfelnden Teilen des Körpers sind in der medizinischen Wissenschaft nicht unbekannt. Bei der sogenannten Raynaudschen Krankheit besteht eine der Ursache nach unbekannte Krampfbereitschaft auch größerer Aderstämme, die einen dauernden Gefäßverschluß verursachen und zur brandigen Abstoßung einzelner Finger, Zehen, ja auch des halben Armes oder Beines führen kann. Riesenfeld-Hirschberg erwähnt in seiner angegebenen Arbeit einen Anklopfer, bei dem einige Finger brandig geworden waren und abgesetzt werden mußten. Hier lag wahrscheinlich ein Fall von Raynaudscher Krankheit leichter Form vor, bei dem die Reize der Anklopfarbeit eine bereits vorhandene Krampfbereitschaft der Adern bis zum brandigen Zerfall einiger Finger gesteigert hatten. Es muß aber hervorgehoben werden, daß die von Meyer-Brodnitz und Wollheim bei allen ihren Untersuchten gefundenen Kapillarstörungen nichts mit einer krankhaften Körperveranlagung zu tun haben, denn alle anderen Kapillarbezirke der Körperhaut zeigten ein durchaus normales Verhalten. Man kann mit aller Bestimmtheit sagen, daß die kapillaren Störungen der Anklopferhand ausschließlich durch die Dauerreizung der Arbeitserschütterung hervorgerufen werden, allerdings zeigen sich die Menschen verschieden empfindlich.

Die Bekleidungsindustrie-Berufsgenossenschaft weist erstmals in ihrem Jahresbericht für 1927 auf 5 ihr von den Schuhfabriken gemeldete Erkrankungen von Anklopfern hin, die zu näheren Erhebungen in 25 größeren Schuhfabriken führten. Dabei wurden dann insgesamt 30 Krankheitsfälle festgestellt.

Unter der Überschrift „Gewerbliche Angioneurosen" hat der bayrische Landesgewerbearzt, Ministerialrat Prof. Dr. Koelsch, in der Zeitschrift „Die medizinische Welt" 1928, Heft 51, ebenfalls auf die eigentümlichen Erkrankungen der Hände bei Anklopfern hingewiesen und über 6 Fälle eigener Beobachtung berichtet, die alle für längere Zeit arbeitsunfähig krank wurden. In einem Falle kam es zur völligen Gefühllosigkeit der Finger bzw. der rechten Hand und somit zu deren Gebrauchsunfähigkeit. Koelsch weist ebenso wie die anderen Autoren darauf hin, daß nicht nur die persönliche Empfindlichkeit der einzelnen Menschen für die Erkrankung entscheidend ist, sondern auch die mehr oder weniger ausgeprägte Geschicklichkeit, bei der Anklopfarbeit durch elastisches Mitgehen bei den Arbeitsbewegungen die Erschütterungen zu mildern; weniger geübte Arbeiter stehen steif mit krampfhaft gespannter Armmuskulatur vor ihrer Maschine, strengen sich stark an und leiten überdies die gesamte Vibration auf ihren Körper, besonders auf Arme und Hände, über.

Als Ausgangspunkt für die Umfrage des Zentralverbandes der Schuhmacher wurde ein besonders schwerer Fall erwähnt. Über diesen Fall J. hat Wollheim ein ausführliches Gutachten erstattet. J. begann 1923 an einer Anklopfmaschine zu arbeiten. 1925 fingen nach der Arbeit die Fingerspitzen an weiß zu werden; bald wurden die Hände leicht bläulich, und 1926 entwickelte sich folgender Zustand: Die Hände wurden blau bis schwarzblau, ohne Gefühl, oder mit dem Gefühl, als ob sie abgestorben seien. Bei Kälte traten heftige Schmerzen in den Händen auf, dann wurden die Hände sofort ganz blaß. Kam J. dann in die Wärme, begannen die Pulsadern derart zu klopfen, daß er meinte, sie müßten zerspringen. Gleichzeitig stellte sich ein aufsteigender Druck zu Herz und Kopf ein, ohne Kopfschmerzen, dagegen mit Kopfrötung. Anfallsweise traten kurzdauernde Ohnmachten ein. Auch die Schwerhörigkeit, die von Jugend auf bestanden hatte, verschlimmerte sich stark, der Gutachter schiebt diese Verschlimmerung auf den „kreischenden, durchdringenden Ton" der Anklopfmaschinen. Auch Magenbeschwerden waren vorhanden, als deren Grundlage die Untersuchung eine Übersäuerung und eine Gallenblasenentzündung ergab. Für diese beiden Leiden war ein ursächlicher Zusammenhang mit der Berufsarbeit nicht anzunehmen. Die Untersuchung der Kapillarfunktionen ergab überall sonst normalen Befund, nur an den Händen die bereits beschriebenen Veränderungen nach mechanischer und nach Kältereizung.

Noch ein weiteres Gutachten stellte der Zentralverband der Schuhmacher zur Verfügung, das die Untersuchung von 5 Anklopfern behandelt. Der Gutachter, Dr. Mantz in Offenbach, sah zwei Anklopfer, die nach kurzer Arbeitszeit über die bekannten Beschwerden klagten, sie dann aber nach längerer Arbeitslosigkeit verloren. Drei weitere Anklopfer suchten seine ärztliche Hilfe wegen der Blutkreislaufstörungen in den Händen. Die Kälte, Gefühllosigkeit und Steifheit der Finger nahm an kühlen Morgen, besonders bei kaltem Nebel, solche Grade an, daß die Patienten nicht mehr ihr Fahrrad lenken konnten. Bei der Erwärmung machte das Brennen und Prickeln unangenehme Schmerzen. Objektiv war auch eine Gefühlsherabsetzung gegen spitz und stumpf wahrnehmbar, die nach den Fingerspitzen hin am stärksten war.

2. Die neuen Untersuchungen und Erhebungen.

Zur Durchführung der Studien über die Anklopferkrankheit wurden nach Ausarbeitung eines Fragebogens (Anlage 1) die Landesgewerbeärzte von Baden, Bayern, Preußen (durch Vermittlung des Ministerialdirektors Dr. Schopohl), Sachsen und Württemberg gebeten, in ihren Ländern Untersuchungen anzustellen. Außer dem Fragebogen wurde noch ein ärztliches Merkblatt übersandt (Anlage 2). Die beiden Blätter sollten eine möglichst einheitliche Erhebung erleichtern.

Bei der Bearbeitung der eingelaufenen Fragebogen wurde Gewerbemedizinalrat Dr. Gerbis durch Gewerbemedizinalassessor Dr. Serson bestens unterstützt. Das eingelaufene Material war weitaus zu umfangreich, um im Rahmen dieser Arbeit nach allen medizinischen Einzelheiten gewürdigt werden zu können. Um es aber nach Möglichkeit auszunützen, wurde mit Herrn Dr. Martin Grotjahn vereinbart, er solle die statistischen Berechnungen zu Ende führen und gleichzeitig das überwiegend medizinisch Interessante für eine eigene Veröffentlichung verwerten dürfen. In der Arbeit M. Grotjahns[1] sind die nach gemeinsamem Plane aufgestellten Tabellen enthalten, die zum Teil in diese Arbeit übernommen wurden. Nicht im Plane lag es, daß Grotjahn, der sich ausschließlich auf die Untersuchungen der staatlichen Gewerbeärzte stützen konnte, aus den ihm zu seiner Unterrichtung überlassenen Manuskripten die für diese Veröffentlichung erarbeiteten Nutzanwendungen vorwegnahm.

Für Bayern lieferte Ministerialrat Prof. Dr. Fr. Koelsch eine eingehende Studie, jedoch hat er die Fragebogen nicht für jeden einzelnen Anklopfer ausgefüllt, so daß bei der tabellenmäßigen Ausrechnung das

---
[1] Arch. Gewerbepath. u. Gewerbehyg. 1, H. 5.

bayrische Zahlenmaterial nicht benutzt werden konnte. Mit Einschluß der Erhebungen aus Bayern wurden 509 Anklopfer untersucht. Die Grade der Schädigungen werden nach den Gruppen I für Nichtgeschädigte, II für Leichtgeschädigte, III für ernster oder schwer Geschädigte in der folgenden Übersicht dargestellt.

Bezirk	Gesamt	Gruppe I Zahl	%	Gruppe II Zahl	%	Gruppe III Zahl	%
Baden	8	4	50	3	37,5	1	12,5
Bayern	140	16	11,4	60	42,8	64	45,7
Berlin	54	18	33,3	13	24,1	23	42,6
Breslau	17	3	17,7	10	58,8	4	23,5
Düsseldorf	76	14	18,5	30	39,5	32	42,0
Frankfurt (Oder)	17	6	35,3	8	47,1	3	17,6
Hannover	14	7	50,0	6	42,9	1	7,1
Magdeburg	72	11	15,3	28	38,9	33	45,8
Münster	14	8	57,2	5	35,7	1	7,1
Sachsen	42	5	11,9	8	19,0	29	69,1
Wiesbaden	8	—	—	4	50,0	4	50,1
Württemberg	47	3	6,4	4	8,5	40	85,1
Gesamt	509	95	18,7	179	35,1	235	46,1

Wenn von den Erhebungsbezirken mit weit unter 50 gezählten Anklopfern abgesehen wird, ergibt sich für die Gruppe III im Durchschnitt eine Zahl von 45%. Wo diese Zahlen übertroffen werden, handelt es sich vorwiegend um Anklopfer, die schweres Schuhwerk bearbeitet haben. Allerdings werden auch besonders starke Beschwerden bei jenen Anklopfern angetroffen, die Kinderschuhe zu bearbeiten haben. Hier ist die Kleinheit des Arbeitsstückes anzuschuldigen, denn der Kinderschuh füllt nicht die Hand des Mannes aus, zwingt also zu stärkerer Muskelanspannung gerade der Handmuskeln.

Im folgenden wird von einer Einteilung nach Erhebungsbezirken abgesehen, es wird das ganze Material zusammengefaßt, soweit es zusammenfaßbar war; einige Ergänzungen wurden noch nachträglich eingereicht.

Die in den Fragebogen erfaßten Arbeitnehmer wurden eingeteilt in solche, die durch den ganzen Tag und durch die ganze Arbeitsschicht die Anklopfarbeit verrichteten, in solche, die nur tage- oder stundenweise anklopften, und in die früher als Anklopfer tätig gewesenen Personen. Die Gesamtzahl der nach einheitlichen Gesichtspunkten geprüften und daher in Tabellen zusammenstellbaren Anklopfer erstreckt sich auf 281 volltätige Anklopfer, 111 nur teilweise als Anklopfer tätige, 46 frühere Anklopfer, beträgt also insgesamt 438.

Die Grade der Schädigungen waren zu unterscheiden nach leicht und nach ernster Geschädigten. Hierbei wurden als leicht geschädigt jene Arbeitnehmer angesprochen, bei denen nur in der kalten Jahreszeit die bekannten Beschwerden auftraten, bei denen aber funktionelle Veränderungen an den Kapillaren nicht dauernd beobachtbar waren. Ihnen gegenübergestellt wurden als ernster Geschädigte alle jene, die dauernd Kapillarstörungen, nämlich die durch weißen Dermographismus gekennzeichnete Übererregbarkeit der Gefäßnerven aufwiesen. Unter den ernster Geschädigten findet sich eine Sondergruppe von schwer geschädigten Leuten, die aber zahlenmäßig klein ist und nur dort beobachtet wurde, wo die Anklopfarbeit sich auf ausgesprochen schweres Schuhwerk, d. h. auf Arbeitsstiefel, Bergarbeiter- und Soldatenstiefel, erstreckte. Diese Gruppe der Schwergeschädigten wird einer gesonderten Betrachtung unterworfen werden; in unseren Tabellen treten sie zunächst in Gruppe III, d. h. unter den „ernster Geschädigten" auf.

Aus den hohen Prozentzahlen der als ernster geschädigt aufgeführten Leute und aus der Tatsache, daß ja alle hier gezählten Anklopfer zur Zeit der Erhebung noch ihre Anklopfarbeit verrichteten, ergibt sich schon, daß man unter der Rubrik der ernster Geschädigten nur ganz wenige findet, deren Arbeitsfähigkeit wesentlich eingeschränkt war. Freilich waren die Morgenstunden bei kühler Witterung im Arbeitsertrage schlechter, waren die Beschwerden stark, aber für eine Rentengewährung kommen doch nur ganz wenige der hier aufgezählten Anklopfer in Betracht.

Übersicht über die Geschädigten nach Lebens- und Berufsalter.

Gezählt	Berufsjahre / Lebensjahre	0—1			1—2			2—3			3—5			5—10			über 10		
	Grad der Schädigung	I.	II.	III.	I.	II.	III.	I.	II.	III.	I.	II.	III.	I.	II.	III.	I.	II.	III.
17	16—20	4	7	2	2	1	—	—	—	1	—	—	—	—	—	—	—	—	—
86	21—25	10	7	4	9	6	6	3	5	2	5	10	9	1	3	6	—	—	—
75	26—30	6	4	1	2	7	—	—	2	5	5	7	8	3	7	15	—	—	3
84	31—35	5	2	—	1	1	1	1	5	4	1	9	7	3	18	22	—	3	1
60	36—45	3	2	1	—	—	1	—	2	3	1	6	5	1	12	7	2	6	8
60	über 45	4	3	—	2	1	—	1	—	1	2	2	2	2	4	5	8	7	16
382		32	25	8	16	16	8	5	15	15	14	34	31	10	44	55	10	16	28
			65			40			35			79			109			54	

Nach dem Lebensalter ist die Gruppe der unter 20jährigen gering besetzt, die beiden Altersgruppen jenseits 35 noch recht stark. Nach dem Berufsalter sind die Anklopfer in der überwiegenden Mehrzahl durch eine Reihe von Jahren als Anklopfer tätig, finden wir doch 109 mit mehr als 5, noch 54 mit mehr als 10 Berufsjahren.

Betrachten wir zunächst nur den Einfluß des Berufsalters nach den Summen, die sich am unteren Ende der Tabelle befinden, so sehen wir ein Fortschreiten der Zahlen für Schädigungen. Das Verhältnis der Gruppen I, II und III verschiebt sich nämlich von 32:25:8 im ersten Arbeitsjahre schon in der dritten Gruppe, jener mit 2—3 Berufsjahren, zu 5:15:15, während bei 5—10 Berufsjahren die Zahl der ernster Geschädigten jene der Nichtgeschädigten um mehr als das Fünffache übertrifft, 10:44:55.

Unter den 382 Anklopfern der Tabelle haben wir
an Nichtgeschädigten . . . . . . 87 Mann = 22,77%
an Leichtgeschädigten . . . . . . 150 ,, = 39,26%
an ernster Geschädigten . . . . . 145 ,, = 37,95%

Die Krankheit der Anklopfer.

Wenn wir nur jene Anklopfer zählen, die jenseits des zweiten Berufsjahres stehen, so haben wir unter insgesamt 277 Arbeitern

an Nichtgeschädigten . . . . . . 39 Mann = 14,07%
an Leichtgeschädigten . . . . . . 129 ,, = 39,63%
an ernster Geschädigten . . . . . 129 ,, = 46,57%

Also schon jenseits des zweiten Berufsjahres haben wir fast die Hälfte aller Anklopfer als ernster geschädigt zu verzeichnen. Nach unserer Tabelle steigt dieses Prozent aber bei den höheren Berufsjahren nicht weiter an.

In dieser Tabelle sind alle Anklopfer verzeichnet, auch jene, die nicht durch den ganzen Arbeitstag und nicht durch die ganze Arbeitswoche die Anklopfarbeit verrichten. Wenn wir aber nur die Vollanklopfer zählen, d. h. jene, die die Anklopfarbeit als einzige Arbeit ausführen und auch in den Fabriken hiermit voll beschäftigt sind, dann ändert sich das Bild nicht unwesentlich.

Wir finden zwar auch hier unter 284 Vollanklopfern

an Nichtgeschädigten . . . . . . 40 Mann = 14,08%
an Leichtgeschädigten . . . . . . 118 ,, = 41,54%
an ernster Geschädigten . . . . . 126 ,, = 44,36%,

es übersteigt also auch hier das Prozent der ernster Geschädigten nicht die Grenze der 50%, aber wenn wir die Vollanklopfer den Nichtvollanklopfern gegenüberstellen, so finden wir deutliche Unterschiede zugunsten der letzteren. Unter den 171 Nichtvollanklopfern finden wir

Nichtgeschädigte . . . . 43 Mann = 25,14%
Leichtgeschädigte . . . . 78 ,, = 45,61%
ernster Geschädigte . . . . 50 ,, = 29,24%

Das Prozent der ernster Geschädigten tritt also bei den Nichtvollanklopfern gegenüber den Vollanklopfern deutlich zurück, die Zahl der Nichtgeschädigten ist prozentual fast doppelt so hoch.

Es soll eine Zusammenstellung angeschlossen werden, aus der der Einfluß des Lebensalters auf die Entstehung der Anklopferkrankheit hervorgeht, jedoch seien zunächst zwei Tabellen gebracht, die den Einfluß der Berufsdauer darlegen. Hier sind die Vollanklopfer den Nichtvollanklopfern gegenübergestellt, und zwar in 4 Gruppen des Berufsalters. Die Zahlen werden in Prozenten angegeben, obwohl es mißlich ist, bei Zahlen, die weit unter 100 liegen, eine Prozentzahl zu geben. Wir drücken die Verhältnisse aus, wollen den Vergleich ermöglichen durch den gemeinsamen Nenner.

Berufsjahre	Vollanklopfer gesamt 284			Nichtvollanklopfer gesamt 141		
Schädigung	I. %	II. %	III. %	I. %	II. %	III. %
0 bis 1 J. (45) . .	53	33	13,4	44	52	4 (55)
1½ bis 4 J. (91) .	12	48	40	35	25	39 (48)
4½ bis 8 J. (94) .	4	46	50	20	40	40 (25)
über 8 J. (54). . .	2	46	52	23	30	46 (43)

Die eingeklammerten Zahlen geben die Anzahl der Untersuchten.

Die neuen Untersuchungen und Erhebungen. 21

Was wir als ernstere Schädigungen auffassen, sehen wir bei den Vollanklopfern schon im ersten Berufsjahre weit häufiger; in den späteren Berufsjahren ist die Zahl der Nichtgeschädigten bei den Nichtvollanklopfern weit höher. Es darf hier erwähnt werden, daß auch unter den volltätigen Anklopfern sich je ein Mann mit über 8 und mit über 15 Berufsjahren ohne Schädigung findet, denen in den gleichen Gruppen 12 bzw. 2 leichtgeschädigte und 11 bzw. 7 ernster geschädigte Leute gegenüberstehen. Auch zwei volltätige Anklopfer mit über 20 Berufsjahren weist unser Material auf, von diesen war der eine den Leicht-, der andere den ernster Geschädigten zuzurechnen.

Wir kehren zur ersten Tabelle (S. 19) zurück und sehen, daß von den Leuten im ersten Berufsjahre sich 2, 4, 1, 1 als ernster geschädigt erkennen ließen. Die ersten 2 und 4 waren unter 25 Jahre alt. Von den insgesamt 103 Anklopfern dieses Lebensalters waren 29 ernster geschädigt = 28,15%, unter ihnen 15 Mann mit einer Berufsdauer von mehr als 3 Jahren. Von den 279 Mann, die bei der Untersuchung jenseits des 25. Lebensjahres standen, wiesen im ersten Berufsjahre nur 2 eine ernstere Schädigung auf, ebenso 2 im zweiten Berufsjahre gegenüber 6 der unter 25 jährigen Männer. Vom dritten Berufsjahre ab werden die Unterschiede nicht mehr deutlich.

Wir stellen in der folgenden Tabelle nur die ernsteren Schädigungen in absoluten Zahlen zusammen mit Einteilung nach Altersgruppen. Es ergibt sich dann folgendes Bild:

Zahl der Anklopfer u. d. Gr. III	Lebensjahre:	16—20	21—25	26—30	31—35	36—45	über 45
	Berufsjahre:	(17)	(86)	(75)	(84)	(60)	(60)
65 : 8	0—1	2	4	1	—	1	—
40 : 8	1—2	—	6	—	1	1	—
35 : 15	2—3	—	2	5	4	3	1
79 : 31	3—5	—	9	8	7	5	2
109 : 55	5—10	—	6	15	22	7	5
54 : 28	über 10	—	—	3	1	8	16
382	Gesamt	2	27	32	35	25	24

Die eingeklammerten Zahlen nennen die Anzahl der Untersuchten.

Aus dieser Tabelle läßt sich ersehen, daß die ernsteren Schädigungen um so später eintreten, je ausgereifter der Arbeiter bei Beginn der Anklopfarbeit war. Daher haben wir schon in den Vorbereitungsbesprechungen vor der seitens der Berufsgenossenschaft geplanten Vorschrift gewarnt, nur Leute von nicht über 25 Jahren zur Anklopfarbeit einzustellen, vielmehr empfohlen, eher nur Leute jenseits dieser Altersgrenze zuzulassen.

Bei der Bearbeitung vorwiegend schweren Schuhwerkes treten die Zahlen der nicht oder nur leicht Geschädigten völlig hinter jene der ernster Geschädigten zurück. Die Ursache ist ausschließlich eben in der Tatsache zu sehen, daß die Arbeit bei schwerem Schuhwerke mit hartem, dickem Leder weitaus größere Anforderungen stellt, als es im Durchschnitt der Fall ist. Die Maschinen und arbeiterleichternden Vorrichtungen, die im technischen Teile zur Abwendung der geschilderten

Berufsgefährdung angegeben sind, werden mithin in jenen Fabriken, die vorwiegend schweres Schuhwerk herstellen, mit aller möglichen Beschleunigung eingeführt werden müssen.

Auffallend an unseren Tabellen ist es, daß gerade in der Gruppe des längsten Berufsalters die Erkrankungszahlen etwas abnehmen. Das hängt zweifellos damit zusammen, daß bis hier eine Berufsauslese eingetreten ist, indem jene, die durch die Arbeit ernstlich geschädigt wurden, zu anderer Arbeit übergingen. Wir finden unter den bei der Untersuchung erfaßbaren früheren Anklopfern nicht weniger als 19, die schon im ersten Berufsjahre der Anklopfarbeit mit starken Beschwerden erkrankten, darunter einen, der die Arbeit nach 14 Tagen aufgeben mußte, weil Gefäßkrämpfe zu stark auftraten. Es befinden sich unter den 31 früheren Anklopfern mehrere, die zur Zeit arbeitslos sind. Ohne diese wäre das Geschädigtenprozent der früheren Anklopfer vermutlich höher.

3. Die verschiedenen Grade der Anklopferkrankheit.

Schon in der ersten Veröffentlichung hat Gerbis die Anklopferkrankheit als eine Übererregbarkeit der Blutgefäßnerven bezeichnet; Koelsch hat sich mit dem Worte „Angioneurose" dieser Deutung angeschlossen. Die Übererregbarkeit zeigt sich darin, daß die Blutgefäße der betroffenen Hände oder nur einiger Finger auf Kältereize, die normalerweise nur zu kurzdauernder Blässe führen, mit einer anhaltenden und sehr intensiven Blässe reagieren, weil die blutzuführenden Adern sich krampfig verschließen. In schweren Fällen, in denen die Hände bis zur Handwurzel oder darüber hinaus absterben, erstreckt sich die Übererregbarkeit auch auf die größeren Stämme der Schlagadern. Wo die größeren Aderstämme in der beschriebenen Weise befallen sind, finden sich an den kleinsten Arterien und besonders an den Kapillaren dauernde Erweiterungen mit Aussackungen, abnormer Schlängelung und mit verändertem funktionellem Verhalten. Bei geringeren Graden der Störung tritt das Erblassen schon bei sehr geringen Reizen auf und hält lange an, man kann die Veränderungen auch außerhalb des Krampfzustandes an dem veränderten Verhalten der Kapillaren erkennen, wie es eingangs bei den Untersuchungen von Meyer-Brodnitz und Wollheim beschrieben wurde. Mikroskopisch finden sich aber im allgemeinen keine charakteristischen Veränderungen. In diesen Störungsgraden findet man beispielsweise nach Bestreichen der Haut mit einem Holzspatel den sogenannten weißen Dermographismus, manchmal erst nach Drosselung der Blutzufuhr. Bei den von uns als leicht bezeichneten Graden der Anklopferkrankheit zeigen sich die Erscheinungen des weißen Dermographismus nicht, aber bei Einwirkung von Kälte wird das Weißwerden der betroffenen Finger leicht sichtbar.

Schon die Leichtgeschädigten sind in ihrem Wohlbefinden beeinträchtigt, denn bei einigermaßen kühlen Tagen haben sie unter der Mißempfindung der kalten und steifen Finger zu leiden, sie müssen vor Arbeitsbeginn die Hände erst anwärmen oder müssen eine halbe bis ganze Stunde mit Beschwerden arbeiten, ehe sie die volle Leistung er-

Die verschiedenen Grade der Anklopferkrankheit. 23

reichen. Wegen der übermäßigen Reaktion auf Kältereize scheuen sie sich, kalte Gegenstände anzufassen oder auch im Freien zu baden. Stärker geschädigte haben das Absterben der Finger durch viele Stunden auch des Nachts. Einige gaben an, sie müßten sich zur Nacht die Hände umwickeln und hochbinden, weil sonst die Gefäßkrämpfe unerträglich werden und den Schlaf verscheuchen. Ein Anklopfer mit diesem Schädigungsgrade mußte im Kriege vom Militär entlassen werden, weil es ihm unmöglich war, das Gewehr zu halten, andere können sich an kühlen und kalten Tagen nicht ihres Fahrrades bedienen, weil sie es wegen der abgestorbenen Hände nicht zu lenken vermögen. Personen mit allgemeiner Übererregbarkeit des Nervensystems können neben den örtlichen Störungen auch schwere Allgemeinstörungen aufweisen, beispielsweise gab ein Anklopfer an, er habe, als er morgens in den abgestorbenen Händen nur eine Milchkanne eine kurze Wegstrecke tragen mußte, heftige Schmerzen und Erbrechen bekommen, obwohl er sonst gar nicht an Erbrechen leide.

Eine überaus interessante Beobachtung aus Berlin zeigt, daß auch seelische Erregung die Krampfung der übererregbaren Blutgefäße herbeiführen kann. Bei der Besichtigung einer kleineren Schuhfabrik wurde dem Gewerbemedizinalassessor angeboten, die Untersuchung des Anklopfers im Kontor auszuführen, und dem Anklopfer wurde übermittelt, er möge ins Kontor kommen, weil „ein Herr vom Polizeipräsidium" ihn zu sprechen wünsche. Zufällig hatte dieser Anklopfer Veranlassung, mit einiger Besorgnis dem Augenblick entgegenzusehen, wo das Polizeipräsidium sich nach ihm umschauen würde. Als er das Kontor betrat, waren seine Finger schneeweiß. Als er über den Zweck der Befragung aufgeklärt war, röteten sich die Finger rasch wieder, auch gab der Untersuchte mit Bestimmtheit an, daß die Finger an jenem Morgen und überhaupt in der ganzen warmen Zeit nicht weiß gewesen seien, sondern sich erst auf den Schreck hin so verändert hätten, wie sonst nur nach Kälteeinwirkung.

Bei der Arbeit selbst treten die Gefäßkrampfungen in der überwiegenden Zahl der Fälle nicht auf; immerhin kommt auch das vor. Bei den ernster Geschädigten kann aber jede stärkere Muskelarbeit der Arme, bei der normalerweise ja ein vermehrter Blutzufluß stattfindet, zur Gefäßkrampfung führen. So war es einigen Leuten auch an warmen Sommertagen unmöglich, Heu zu mähen. Diese paradoxe Reaktion der Blutgefäßnerven ist nicht nur medizinisch interessant, sondern sie ist auch von großer Bedeutung, wenn dem Anklopfer eine andere Arbeit zugewiesen werden soll; sie wird versicherungsrechtliche Bedeutung erlangen, wenn die schweren Grade der Anklopferkrankheit als entschädigungspflichtige Berufskrankheit anerkannt werden sollten.

Wenn der Krampf sich löst, treten in allen etwas schwereren Fällen jene Mißempfindungen auf, die man von „eingeschlafenen" Armen her kennt; in schweren Fällen kann das Wiedereinschießen des Blutes in die gekrampft gewesenen Bezirke zu lebhaften Schmerzen führen, als ob die Haut platzen müsse.

Von den geschilderten Krankheitsstufen zu den ausgesprochen

schweren Fällen sind natürlich alle Übergänge möglich. In den schweren Stadien sind die Hände blaurot und gestaut, bei Kältereizen werden sie aber sofort schneeweiß. Die Kapillarmikroskopie ergibt in diesen Fällen eine Erweiterung im venösen und arteriellen Schenkel und in den Schaltstücken, jedoch kommt auch nur Erweiterung der venösen Schenkel und der Schaltstücke bei engen arteriellen Schenkeln zur Beobachtung. Auf leichten mechanischen Reiz sieht man rasche Verengerung der arteriellen Schenkel oder des ganzen Kapillarsystems. Auf Einzelheiten der kapillarmikroskopischen Untersuchungsbefunde kann hier nicht eingegangen werden.

In vereinzelten Beobachtungen ergab sich an den krankhaft veränderten Händen auch eine mäßige Abnahme der Muskulatur, in einem Falle fand sich beginnender Muskelschwund auch der Arm- und Schultermuskulatur, während an den Händen deutlicher Muskelschwund vorhanden war, besonders am rechten Daumen und in der rechten Mittelhand. Die elektrische Erregbarkeit der betroffenen Muskeln war herabgesetzt, das Zuckungsgesetz zeigte aber keine Umkehrung. Obwohl nur der rechte Arm befallen war, wurde eine langsam verlaufende spinale progressive Muskelatrophie diagnostisch nicht ausgeschlossen. Für Syringomyelie fanden sich keine Anhaltspunkte.

4. Der Einfluß der Anklopferkrankheit auf die Arbeits- und Erwerbsfähigkeit.

Die meisten der untersuchten Anklopfer waren noch als solche tätig. Es ergibt sich hieraus, daß die Krankheit zwar lästig zu sein und den Arbeitsertrag der ersten Tagesstunden zu beeinträchtigen vermag, daß sie aber die Arbeitsfähigkeit als Anklopfer durch viele Jahre nicht aufhebt, abgesehen von besonders empfindlichen Personen, die eben nach mehr oder minder kurzer Zeit die Tätigkeit einstellen und zu anderer Arbeit übergehen müssen. Es wurde aber auch erwähnt, daß die Störungen durch eine lange Zeit nach Beendigung der Anklopferarbeit fortbestehen können. Es scheint nach den vorliegenden Erhebungen bei früheren Anklopfern so zu sein, daß Störungen, die bald auftreten, nach Beendigung der Anklopferarbeit auch rascher schwinden als jene, die erst nach einem oder nach mehreren Jahren begonnen haben. Die schweren Formen, bei denen außerhalb der Krampfung die Farbe der Hände blau bis blauschwarz ist, bei denen sich stark erweiterte Kapillaren finden, scheinen einer Heilung nicht mehr zugänglich zu sein.

Der bayrische Landesgewerbearzt Ministerialrat Prof. Dr. Koelsch beschreibt einen Erkrankungsfall bei einem früheren Anklopfer, der durch 14 Jahre an der alten Germania-Welt-Maschine (Adrian & Busch) angeklopft hatte. Bei ihm traten nach ein oder zwei Jahren die Gefäßkrämpfe auf mit Weißwerden der Finger namentlich bei Kälte. Nach 8 Jahren stellten sich ziehende, bohrende und stechende Schmerzen in den Armen ein, besonders stark im rechten. Diese Schmerzen waren morgens gelinder, stellten sich um Mittag, also während der Anklopfarbeit, zunehmend ein und ließen erst mehrere Stunden nach Arbeits-

Der Einfluß der Anklopferkrankheit auf die Arbeits- und Erwerbsfähigkeit. 25

beendigung nach. Es entwickelten sich dann auch starke Abmagerung, Erregtheit und Zittern. Als er 1926 durch 4 Wochen krank gefeiert hatte, linderten sich die Beschwerden, kehrten aber nach Wiederaufnahme der Arbeit bald wieder, so daß er um andere Arbeit bitten mußte. Seit April 1928 arbeitet der damals 65jährige Mann an Reparaturarbeiten, und schon nach einem Vierteljahre schwanden die Beschwerden. Dieses rasche Schwinden nach Übergang zu anderer Arbeit stellt zweifellos eine Ausnahme dar, denn weniger schwer Geschädigte hatten noch nach 1—2 Jahren bei Kälte die Gefäßkrampfung, wie sie sich in der Anklopferarbeit entwickelt hatte.

Solange die Neigung zu Gefäßkrämpfen in ausgesprochenem Maße vorhanden ist, sind die betroffenen Arbeiter auch innerhalb der mechanischen Schuhindustrie zu den meisten Arbeiten der Angelernten fähig, außerhalb dieser Industrie aber sind sie erwerbsbeschränkt, weil ihnen Arbeiten im Freien und Arbeiten, bei denen die Hände kalt werden, nur in beschränktem Umfange möglich sind. Für die schwersten Grade der Schädigung ist eine starke Erwerbsbeschränkung anzunehmen, weil die Hände praktisch fast unbrauchbar werden können. Die schwersten Fälle werden lediglich auf Grund der Erkrankung der Hände als invalide im Sinne der Reichsversicherungsordnung anerkannt werden müssen.

Falls die Anklopferkrankheit als Berufskrankheit anerkannt werden sollte, wird wohl eine Einschränkung auf ausgesprochen schwere Fälle geboten sein, doch kann sehr wohl Gewährung einer Übergangsrente für $^1/_2$ Jahr oder länger in Frage kommen. Die Feststellung des Leidens ist nicht schwierig, es werden alle Hände mit blauer gestauter Hautfarbe zur Anerkennung gebracht werden können, bei denen ein mäßiger Kältereiz zur ausgesprochenen Gefäßkrampfung mit deutlichem Weißwerden führt. Als mäßiger Kältereiz genügt ein Waschen mit Leitungswasser durch 2—3 Minuten, meist wird die Krampfung schon früher auftreten. Neben der einfachen Kälteprobe können unschwer noch die Proben auf weißen Dermographismus ausgeführt werden, dessen Ausgleich mindestens das Doppelte der normalen Zeit erfordern müßte, um als beweisend zu gelten.

Es unterliegt keinem Zweifel, daß die als Anklopferkrankheit beschriebene Gefäßneurose eine Erkrankung ist, die durch die raschen und anhaltenden Erschütterungen der Arme und besonders der Hände entsteht. Die Entstehung der Krankheit ist nach unserem bisherigen Wissen keineswegs an eine bestimmte konstitutionelle Veranlagung gebunden, wenn auch die Widerstandskraft Schwankungen unterliegt. Während der badische Landesgewerbearzt Prof. Dr. Holtzmann sagt, sehr kräftige Menschen erwerben die Krankheit nicht, betont die preußische Gewerbemedizinalrätin Dr. Erika Rosenthal-Deussen, daß die athletisch gebauten Personen anscheinend empfindlicher sind als sehnige, zähe Menschen.

Wir haben statistisch nachweisen können, daß das jugendliche Alter im allgemeinen als gefährdeter anzusehen ist. Man sollte als Eintrittsalter das 25. Lebensjahr bevorzugen. Darüber hinaus ist aber zu fordern, daß die Anklopfarbeit niemals auf längere Dauer ganztägig ausgeübt wird. Ein Wechsel der Arbeit kann so erfolgen, daß jeder Anklopfer nur halbtägig arbeitet, bei voller Ausnutzung einer Maschine also zwei Anklopfer vorhanden sein müssen; eine andere Form kann in wöchentlichem Wechsel bestehen, man kann wohl auch einen vierteljährlichen Turnus einführen, doch ist der kürzerfristige Wechsel offenbar vorzuziehen. Je länger hintereinander die Anklopfarbeit ausgeführt wird, desto stärker wird die Übererregbarkeit der Gefäßnerven anzunehmen sein, je stärker aber die Übererregbarkeit geworden ist, desto mehr Zeit ist erforderlich, um wieder normale Erregbarkeit herzustellen. Daher ist es besser, die Erregungsstärke nicht allzu hoch anwachsen zu lassen.

Die Maschinenindustrie hat Haltevorrichtungen gebaut, die weitgehend vor den Erschütterungen bewahren und deren Einführung dringend zu empfehlen ist. Wo sie noch fehlen, wird der Arbeitswechsel das unentbehrliche Vorbeugungsmittel sein.

Um in den Anfangsstadien verhütend, in den ernsteren (nicht schweren) Stadien lindernd zu wirken, hat Gerbis allabendliche Prießnitzpackungen empfohlen, die den Armen während der Nachtruhe gute Durchblutung verschaffen. Die Anlegung der Umschläge schließt sich an ein heißes Armbad an. Man zieht über die noch recht warmen Arme einen aus stubenkaltem Wasser gut ausgewundenen Baumwollstrumpf und darüber einen trockenen Wollstrumpf, der höher hinaufreichen, den feuchten Strumpf also völlig bedecken muß. Diese Strumpfpackungen nach Prießnitz wurden von einigen Anklopfern, die sie durch längere Zeit regelmäßig anwendeten, gelobt.

M. Grotjahn regt in seiner erwähnten Veröffentlichung an, bei der Anklopferkrankheit das Freysche Kreislaufhormon, das Kallikrein, zu versuchen. Nach den Erfahrungen bei vergleichbaren Krankheiten verspricht dieses Heilverfahren auch bei der Anklopferkrankheit Erfolge, es ist aber unseres Wissens bisher hierfür nicht erprobt worden.

5. Andere Krankheitserscheinungen und Klagen.

Während die Gefäßkrämpfe in den durch die Anklopferarbeit dauernd erschütterten Händen bei der Mehrzahl aller Anklopfer, die durch hinreichend lange Zeit die Anklopfarbeit ausgeübt haben, auftreten, sind die anderen Beschwerden durchaus wechselnd und von der persönlichen Veranlagung abhängig. Sache der Gewöhnung und Erlernung ist es, bei der Arbeit nicht allzu viel rohe Kraft aufzuwenden, sondern durch elastisches Mitgehen des ganzen Körpers die Erschütterungen zu verteilen und zu mildern. Die allgemeine nervöse Übererregbarkeit, die bei empfindlichen Leuten zu starker Erregtheit mit Zittern, Kopfweh und Schlaflosigkeit führen kann, ist zweifellos von der persönlichen Veranlagung weitgehend abhängig. Diese Allgemeinbeschwerden werden durch die Anklopferarbeit wohl ausgelöst, aber nicht unmittelbar verursacht. Im Gegensatze zu den örtlichen Störungen sind diese Beschwerden nicht objektiv nachweisbar und sind so uncharakteristisch, daß man sie wohl bei der Bemessung einer Rente unbeachtet lassen muß. Es ist nicht zu befürchten, daß hieraus eine unbillige Härte erwächst.

Nicht jeder vermag die Arbeit des Anklopfers auszuüben, mit einem Arbeitswechsel bald nach Beginn der Anklopferarbeit muß gerechnet werden. Abgesehen von den ungeeigneten Menschen kann für die überwiegende Mehrzahl der Arbeiter durch unschwer durchzuführende Maßnahmen die Entstehung der Krankheit verhütet werden.

III. Mittel zur Verhütung von Erkrankungen.
1. Organisatorische Maßnahmen.

Schon frühzeitig hat man erkannt, daß das Auftreten und die Schwere der Erkrankungen unmittelbar abhängig sind von der Dauer der täglichen Arbeitszeit, während deren die Anklopfer an ihren Maschinen beschäftigt sind. Die Krankheit findet sich überhaupt nicht oder nur leicht in den kleinen Betrieben, welche für ihre Anklopfer jeweils nur für etwa einen halben Tag oder noch kürzere Zeit Beschäftigung an der Maschine haben und sie dann im übrigen andere, meistens etwas geringwertigere Arbeit verrichten lassen. In den größeren deutschen Fabriken hat sich aber dieses an sich sehr einfache und wirksame Vorbeugungsmittel des Beschäftigungswechsels, der eine Arbeit an der Anklopfmaschine für höchstens 4—5 Stunden täglich zulassen würde, bis jetzt nur in einigen wenigen Ausnahmefällen eingeführt und wird sich allgemein wohl überhaupt nicht einbürgern. Die Schwierigkeiten scheinen darin zu liegen, daß einmal die Unternehmer wegen befürchteter Leistungsminderung einem regelmäßigen Arbeitswechsel abgeneigt sind, daß dann aber auch die ununterbrochene Anklopfarbeit, die im Akkord verrichtet wird, günstigere Verdienste für die Anklopfer ergibt, so daß sie selbst den Wechsel nicht wollen. Trotzdem wird in allen Betrieben, die noch ganztägige Anklopfarbeit haben, und in denen nicht für ausreichende technische Hilfsmittel gesorgt ist (siehe Abschnitt 2 unten), die Forderung durchgeführt werden müssen, daß die Anklopfer nicht mehr als 4 oder 5 Stunden täglich beschäftigt werden dürfen. Nach allen Erfahrungen ist sonst bei ihnen über kurz oder lang mit Erkrankungen zu rechnen, die durch einen Arbeitswechsel vermeidbar wären und deshalb auch unbedingt vermieden werden müssen. Der Wechsel kann statt täglich auch mit längeren Zeiträumen durchgeführt werden, doch sollen sie dann zweckmäßigerweise auch bei leichterer Arbeit nicht unter 14 Tagen, bei schwererer nicht unter 4 Wochen und nicht über $1/2$ Jahr betragen. Wo ein Arbeiter nicht während des ganzen Arbeitstages beschäftigt ist, wird man im allgemeinen abwarten können, bis sich die ersten Anzeichen einer drohenden Störung, namentlich etwa ein Ertaubungsgefühl in den Fingern mit Weißwerden an kalten Tagen zeigen. Treten solche Erscheinungen, die der Arbeiter alsbald seinem Vorgesetzten zu melden hat, auf, dann muß die Anklopfarbeit für mindestens etwa $1/4$ Jahr ausgesetzt werden.

Die Beobachtungen haben weiter gezeigt, daß der Arbeit gesunde Männer in reiferem Alter eher gewachsen sind als jüngere. Es ist ein Fall bekannt, in dem ein Arbeiter, der erst mit 40 Jahren die

Anklopfarbeit begann, trotz 12jähriger Tätigkeit unter ungünstigen Verhältnissen nicht erkrankte. Offenbar sind die Gefäße jugendlicher Arbeiter reizbarer, so daß eine Krampfung leichter auftritt. Die Bekleidungsindustrie-Berufsgenossenschaft verlangt ein Schutzalter bis zu 21 Jahren, eine Forderung, der man ohne weiteres beipflichten kann.

Selbstverständlich muß der Anklopfer auch bei der einfach scheinenden Arbeit eine richtige Anleitung bekommen. Es ist wesentlich, wie der Arbeiter an der Maschine steht und wie er seine Arbeit verrichtet. Er muß dazu angehalten werden, jede krampfhafte Anspannung der Körper- und Armmuskulatur zu vermeiden, vielmehr mit dem ganzen Körper, besonders aber mit den Armen, eine elastische Stellung an seiner Maschine einzunehmen.

2. Technische Hilfsmittel.

Auch hier muß zunächst eine an sich selbstverständliche Forderung erhoben werden, die aber doch nicht immer genügend beachtet wird, nämlich die jederzeitige volle Instandhaltung der Maschine. Es muß vor allem darauf geachtet werden, daß die Maschine nicht „schlägt", daß also die Lager der Trommel immer in Ordnung gehalten werden und an der Trommel die Ringe nicht durch Abnutzung ein zu großes Spiel erhalten oder gar ausfallen. Je weniger die Maschine in diesen beiden Punkten in Ordnung ist, um so größeren Anstrengungen und Schädigungen werden die Arbeiter an den Maschinen ausgesetzt sein.

Die unmittelbar dem Anklopfen vorangehenden Arbeiten sind mit größter Sorgfalt auszuführen, um ein ungewöhnlich kräftiges Anklopfen unnötig zu machen. Neben einer guten Zwickarbeit dient diesem Zweck die Verwendung besonders vorgeformter Hinterkappen auf den sogenannten Hinterkappenformmaschinen; diese sind um so eher notwendig, je schwerer der herzustellende Schuh ist. Teilweise ist auch in den Fabriken, insbesondere solchen für MacKay-Schuhe, das Anklopfen schon ganz in Wegfall gekommen nach Einführung von Fersenzwickmaschinen, wie sie die DVSG (DRP. 479154) seit 1926 und die Moenus A.-G. seit 1929 auf den Markt bringen (Abb. 7). Die Maschinen walken in außerordentlich pünktlicher Weise die Ferse mittels Scheren über den Leisten und

Abb. 7. Fersenzwickmaschine.

schlagen alsdann selbsttätig sämtliche Befestigungsstücke (Tacks u. dgl.) mit einem Schlage ein. Bei ihrer bedeutenden Leistungsfähigkeit (etwa 1800 Paare und mehr im Tage) kommen aber diese Maschinen im allgemeinen nur für Großbetriebe in Betracht.

Die beste Lösung für die Arbeiter wird man jedenfalls von einer vollständig selbsttätigen Anklopfmaschine erwarten dürfen. Die

Abb. 8. Automatische Anklopfmaschine der Maschinenfabrik Moenus A.-G. in Frankfurt a. M.

erste und zunächst einzige dieser Art hat die Maschinenfabrik Moenus A.-G. in Frankfurt a. M. anläßlich der Internationalen Lederschau im September 1930 auf den Markt gebracht (vgl. Abb. 8). Infolge einiger nachher noch durchgeführten konstruktiven Änderungen ist die völlige Erprobung der Maschine in einer Schuhfabrik noch nicht möglich gewesen. Ein Ergebnis über ihre qualitative und quantitative Leistung wird aber wohl in Bälde vorliegen. Die Maschine ist für Mac-Kay- und für Rahmenarbeit verwendbar. Ihre Werkzeuge sind grundsätzlich dieselben wie an den bisherigen Maschinen. Sie bestehen aus einer umlaufenden Anklopftrommel mit Schlagringen und einem hin und her gehenden Anklopfhammer, der das Oberleder oberhalb der Leistenkante anklopft. Die Anklopftrommel und der Einzelhammer arbeiten derartig zusammen, daß der Schuhboden und das Oberleder an der Leistenkante rechtwinklig zueinander an den Leisten angearbeitet werden.

Der Schuh wird zunächst auf einen Leistenständer aufgesteckt und durch einen Handhebeldruck festgespannt. Nach Einrücken der Maschine wird der Schuh selbsttätig an die Anklopfwerkzeuge heran- und derart an ihnen entlang geführt, daß zuerst die Fersenpartie und danach unmittelbar anschließend die Ballen- und Spitzenpartie des Schuhes selbsttätig angeklopft werden. Schließlich wird der Schuh selbsttätig aus den Werkzeugen herausgefahren und die Maschine zum Stillstand gebracht, so daß der Arbeiter den fertig angeklopften Schuh vom Leistenständer abnehmen und einen neuen aufsetzen kann. Die Steuerung des Leistenträgers erfolgt derart, daß der Schuh nicht nur die erforderliche Längs-, Quer- und Drehbewegung entlang den Anklopfwerkzeugen ausführt, sondern er auch so entsprechend gehoben und gesenkt wird, daß jeder Sprengungsgröße der Leisten Rechnung getragen ist und sowohl Herrenschuhe mit flachen Böden als auch Damenschuhe mit hochgesprengten Böden angeklopft werden können. Sofern bei Rahmenschuhwerk nur die Fersenpartie angeklopft werden soll, kann die Maschine so hergerichtet werden, daß das Anklopfen der Ballen- und Spitzenpartie entfällt. Die quantitative Leistung der Maschine wird dadurch entsprechend größer. Die Maschine kann aber auch so eingerichtet werden, daß bei Rahmenschuhwerk die Fersenpartie vollständig und an der Ballen- und Spitzenpartie nur das Oberleder oberhalb der Leistenkante angeklopft wird.

Der Versuch ist naheliegend, den Anklopfern durch besondere Haltevorrichtungen ihre Arbeit zu erleichtern oder tunlichst ganz abzunehmen. Die einfachste derartige Vorrichtung ist die schon erwähnte (S. 13), die in einem festen, am Maschinengestell angebrachten, parallel zur Trommelachse und unmittelbar vor der Trommel laufenden Auflagebügel besteht, auf den das Werkstück aufgelegt wird. Für das Anhalten an die Trommel ist diese Hilfsvorrichtung verhältnismäßig günstig, da sie dem Schuh wenigstens gegen die Drehrichtung der Trommel einen Halt bietet, dagegen nützt sie kaum etwas für das Anhalten an den Hammer, da hierbei der Schuh eben freihändig vom Bügel weg bis an den Hammer herangeführt werden muß. Der Wert eines solchen Bügels ist also nicht hoch einzuschätzen. Ähnlich verhält es sich mit der ebenfalls dort genannten verstellbaren Leistenstütze.

Demgegenüber bringt den Anklopfern nach den bisherigen Erfahrungen eine Haltevorrichtung der schon S. 10 genannten Firma Adrian & Busch in Oberursel bei Frankfurt a. M. eine volle Entlastung. Die Vorrichtung ist der Firma patentiert (DRP. 489979). Sie hält den Schuh beim Anklopfen so, daß der Arbeiter irgendwelchen schädlichen Erschütterungen nicht mehr ausgesetzt ist (Abb. 9). Der Schuh wird in der strichpunktierten Lage auf einen Leistenstift gesteckt und durch

Technische Hilfsmittel. 31

Auftreten auf einen Fußtritt in die Arbeitsstellung gebracht. Gleichzeitig damit kommen die in Gelenken mit einander verbundenen Apparateteile *A*, *B*, *C*, die sich zunächst in der strichpunktierten Lage befinden, so in die Strecklage, daß sich die Gelenkpunkte *a*, *b* und *c* sowie *d*, *e*, *f* und *g* je in einer Linie befinden. Dadurch wird es möglich, einerseits die Schläge der Trommel durch eine hinter dem Leistenstift im Gehäuse *D* angeordnete Feder und die Schläge des Hammers durch die Feder *E* aufzufangen. Die Federn sind einstellbar, so daß stärkere oder schwächere Schlagwirkungen erzielt werden können, ohne nachteilig auf den Anklopfer zu wirken. Durch einfaches Wegschwenken der Haltevorrichtung zur Seite ist jede andere Anklopfarbeit, so bei Mac-Kay-Schuhen das Anklopfen von Spitze und Seiten, ungehindert auszuführen. Die Vorrichtung, die an allen Anklopfmaschinen angebracht werden kann, wurde beispielsweise im Jahre 1928 bei der Firma J. Sigle & Co., Schuhfabriken A.-G. (Salamander) in Kornwestheim bei Stuttgart, an allen Maschinen eingeführt. Im ganzen sind zur Zeit etwa 100 im Gebrauch. Ein besonderer Vorteil der Haltevorrichtung liegt darin, daß sie die Leistungsfähigkeit des Anklopfers wesentlich er-

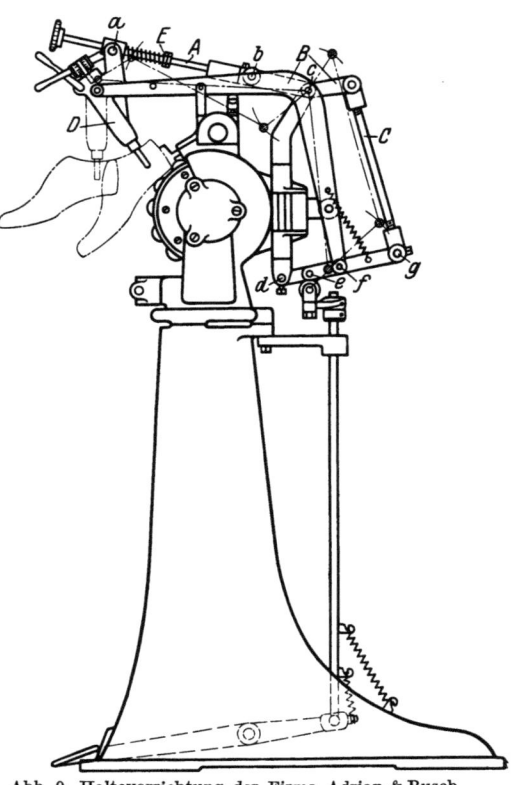

Abb. 9. Haltevorrichtung der Firma Adrian & Busch in Oberursel bei Frankfurt a. M.

höht. Sie wird von der Firma Sigle & Co. mit etwa 1200 Paaren täglich bei 8stündiger Arbeitszeit angegeben, während sie vorher in derselben Zeit etwa 720 Paare betrug. Solche (67%) und ähnliche Leistungssteigerungen werden auch aus anderen Schuhfabriken mitgeteilt.

Eine Maschine mit einer Haltevorrichtung, die in ihrer Konstruktion von der eben beschriebenen grundsätzlich abweicht, stellt die Firma Klöppel & Süß, Schuhmaschinenfabrik G. m. b. H. in Erfurt, her (Abb. 10). An der Maschine ist der Hammer unterhalb der Trommel angeordnet. Der Leistenträger ist in Höhe und Tiefe durch einen Fußtritthebel verstellbar. Sein unteres Ende ist durch eine zwischengeschaltete Kuppelung und eine Kurvenscheibe mit einem Fußtritthebel so verbunden, daß man durch Fußdruck das in einem Aufnahmebett liegende Schuhwerk mehr oder weniger stark gegen Trommel und Hammer andrücken kann. Der Leistenständer ist mit einer Vorrichtung versehen, welche den fertig bearbeiteten Schuh selbsttätig aus der Maschine ausstößt. Die Maschine, die nach Angabe der Hersteller seit einiger Zeit in mehreren Schuhfabriken zur Zufriedenheit der Besitzer arbeitet, soll auch eine wesentlich gesteigerte Tagesleistung

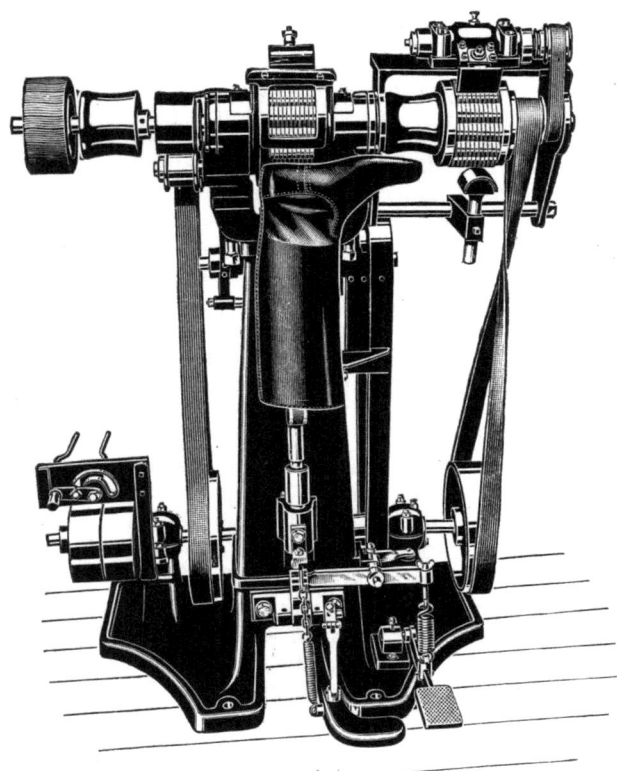

Abb. 10. Anklopfmaschine mit Leistenträger der Firma Klöppel & Süß in Erfurt.

gegenüber den Maschinen ohne Haltevorrichtung ermöglichen. Ausreichende Erfahrungen zu einer objektiven Beurteilung der neuen Maschine liegen noch nicht vor. Ihre Anführung erfolgt deshalb zunächst vor allem der Vollständigkeit wegen.

Die Bekleidungsindustrie-Berufsgenossenschaft hat in einem „Merkblatt über Arbeiten an Anklopfmaschinen" folgende Richtlinien aufgestellt:

§ 1. An Anklopfmaschinen sollen nur kräftige und gesunde, für diese Arbeiten geeignete Männer beschäftigt werden. Die Beschäftigung von Arbeitern unter 21 Jahren an Anklopfmaschinen ist verboten.

§ 2. Glaubt ein Arbeiter körperliche Beschwerden bei der Beschäftigung an der Anklopfmaschine zu verspüren, so hat er seinem Vorgesetzten hiervon Mitteilung zu machen. Gegebenenfalls ist ein Wechsel der Arbeiter vorzunehmen.

§ 3. An Anklopfmaschinen mit hart schlagenden Klopftrommeln soll freihändig nicht gearbeitet werden.

§ 4. Eine mechanische Haltevorrichtung für den anzuklopfenden Schuh, für leichte Arbeiten und Rahmenarbeiten, mindestens aber die Anbringung einer Schuhstütze und eines Auflagebügels, wird empfohlen.

Sache des Arbeiterschutzes ist die Vorbeugung. Arbeitgeber und Arbeitnehmer werden im gemeinsamen Interesse in erster Reihe die vorbeugenden Maßnahmen zu beachten und durchzuführen haben.

Zusammenfassung.

Wir haben in der Anklopferkrankheit eine wohl charakterisierte, objektiv leicht nachweisbare und nicht vortäuschbare, durch andere Ursachen als durch frequente Erschütterungen nicht entstehende Krankheit kennengelernt, die unzweifelhaft eine Arbeitsschädigung ist. Die gleiche Berufskrankheit ist bei Gußputzern beobachtet worden, die mittels Preßluftmeißels Putzarbeiten an Stahlguß ausführen.

Die typische Berufskrankheit der Anklopfer ist eine erhöhte Krampfbereitschaft der Blutgefäße in Fingern, Händen oder auch Vorderarmen. Diese erhöhte Krampfbereitschaft ist durch einfache Funktionsprüfungen der Kapillaren in den betroffenen Körperbezirken mit Sicherheit feststellbar.

Nach etwa zwei Berufsjahren erkranken rund 50% der vollbeschäftigten Anklopfer mit Störungen mittleren bis ernsteren Grades. Je ausgereifter die Individuen beim Beginne der Anklopferarbeit sind, desto geringer ist die Wahrscheinlichkeit einer ernsteren Erkrankung.

Es bestehen keine Bedenken dagegen, die schweren Formen der Anklopferkrankheit als versicherte Berufskrankheit anzuerkennen. Schwere Formen kennzeichnen sich durch blaue Stauung der Hände und sofortiges Weißwerden bei Einwirkung mäßiger Kältereize.

Zur Verhütung der Erkrankung dient eine Arbeitsteilung der Art, daß die Anklopfarbeit täglich nicht über vier Stunden hinaus ausgedehnt wird. Neue technische Hilfsmittel verhindern weitgehend die Erschütterungen der Arme und Hände und hiermit auch die aus den Erschütterungen hervorgehenden Störungen. Für große Schuhfabriken kommen neuartige Maschinen in Frage, die eine Anklopfarbeit überhaupt entbehrlich machen.

Auf Grund der Ausführungen in dieser vorliegenden Arbeit ist der Schluß zulässig, daß es schon heute möglich ist, entweder durch organisatorische Maßnahmen oder durch technische Hilfsmittel Erkrankungen von Anklopfern der typischen Art für die Zukunft zu vermeiden.

Jeder einsichtige Unternehmer wird ohne weiteres von sich aus den geeigneten Weg zur Krankheitsverhütung finden. Andererseits können die staatliche Gewerbeaufsicht und die Berufsgenossenschaft durch Aufklärung und nötigenfalls auch durch stärkere Mittel auf Arbeitgeber- und Arbeitnehmerkreise hinreichend einwirken.

Anlage 1.

Fragebogen über Gesundheitsschädigungen bei Anklopfern in der Schuhindustrie[1].

Des Untersuchers
Name und Dienstbezeichnung:
Tag der Erhebung:

Des Untersuchten (für jeden Anklopfer ein besonderer Fragebogen)
Name:
Vorname:
Geburtsdatum:
Anschrift:
z. Zt. arbeitgebende Firma:

A. Berufsvorgeschichte:
Seit wann im ganzen als Anklopfer tätig?
Etwaige größere Unterbrechungen der Anklopfarbeit:
An welchen Maschinen wurde früher gearbeitet?
  1. Marke der Anklopfmaschine:
  2. Zeit und Dauer:
  3. Arbeitete die Maschine regelmäßig?
  4. War der Schlag hart oder weich?
  5. Tägliche Arbeitszeit an der Anklopfmaschine:
  6. Art des bearbeiteten Schuhwerks:

B. Jetzige Arbeit:
Seit wann arbeitet der Untersuchte bei der jetzigen (letzten) Firma?
Seit wann an der jetzigen Anklopfmaschine?
Marke, Fabriknummer der jetzigen Maschine:
Alt oder neu gekauft? Wie lange im Betrieb?
Wie arbeitet sie?
Sind an der Maschine Vorrichtungen vorhanden zur Minderung der Erschütterungen?
Welcher Art sind diese Vorrichtungen, seit wann in Anwendung?
Wird täglich oder nur an einigen (wie vielen durchschnittlich) Tagen der Woche gearbeitet?
Wird während des ganzen, halben, Arbeitstages oder nur stundenweise nach Bedarf gearbeitet?
Welche Ware wird bearbeitet?
Wechseln mehrere Anklopfer in regelmäßigen Abständen?
Seit wann ist dieser Wechsel eingeführt?
In welchem Turnus wird gewechselt?
Wurde früher im jetzigen Betriebe an einer anderen Anklopfmaschine gearbeitet? Wie lange?
Deren Marke und Fabriknummer:
Sind Beschwerden vorhanden?
Wann zuerst (nach welcher Arbeitsdauer) sind diese Beschwerden aufgetreten?
Bestehen Beschwerden nur in der kalten Jahreszeit oder stets?
Werden nur die Finger weiß? Wie weit? Welche Finger?
Oder erstreckt sich der Gefäßkrampf auf Hände und Unterarme?
Beiderseits gleichmäßig? Rechts mehr als links?
Bestehen neben den örtlichen Beschwerden — oder ohne solche — allgemeine nervöse oder sonstige Beschwerden? Und welcher Art sind sie?

---

[1] Die Erhebungen haben sich gegebenenfalls auch auf Leute zu erstrecken, die früher durch längere Zeit an Anklopfmaschinen gearbeitet haben.

Anlage 2.

Merkblatt für die untersuchenden Ärzte.

Es sind Erhebungen anzustellen über Gesundheitsschädigungen bei Anklopfern in Schuhfabriken. Die Anklopfmaschinen in Schuhfabriken dienen dazu, das zur Sohlenfläche herabgeholte Oberleder faltenlos auf der Unterlage zu befestigen. Sie bestehen aus einer rotierenden Trommel, deren Mantel aus einzelnen Stäben gebildet wird, die mit Hammerringen besetzt sind. Die Anzahl der Stäbe ist verschieden, so daß die Hammerringe dicht aneinanderstehen oder gewisse Abstände zwischen sich lassen. Die Hammerringe sind zentrisch oder exzentrisch gebohrt. Bei einigen alten Anklopfmaschinen ist im Innern der rotierenden Trommel noch ein pneumatisches Kissen vorhanden, das stärker oder schwächer aufgeblasen werden kann, um den Druck zu verändern.

Die charakteristischen Erkrankungen der Anklopfer sind auf Schädigungen der Gefäßkapillaren bzw. der Kapillarnerven zurückzuführen. Sie sind dadurch charakterisiert, daß die Kapillar- oder Arteriolennerven übererregbar werden mit der Folge, daß auf geringfügige Reize Gefäßkrampfung von oft stundenlanger Dauer eintritt. Die Gefäßkrampfung wird gewöhnlich ausgelöst durch Kältereize, also durch Waschen mir kaltem Wasser oder auch durch den Einfluß der kalten Luft. Die Beschwerden der Erkrankten bestehen gewöhnlich hauptsächlich oder ausschließlich während der kalten Jahreszeit. Die Arbeit an der Anklopfmaschine selbst ruft derartige Krampfzustände nicht hervor. Die Gefäßnerven-Übererregbarkeit entsteht für gewöhnlich nach frühestens $1/2$ Jahr der Anklopfarbeit, selten schon nach einigen Wochen, bisweilen erst nach mehreren Jahren. Der Krampf tritt auf entweder nur an einigen Fingern, meistens am 3. bis 5. Finger der rechten Hand oder an der ganzen Hand, selten auch bis zum Unterarm hinaufreichend. Die befallenen Hautbezirke werden bei Kältereizen weiß. Es tritt ein Ertaubungsgefühl und Steifigkeitsgefühl ein. Die Neigung zu Kapillarspasmen ist rein örtlich auf die Finger bzw. Hand und Unterarm beschränkt. Beim Bestreichen der erkrankten Hautstellen mit einem Holzspatel findet man hier häufig weißen Dermographismus, besonders stark, wenn man durch Drosselung des Blutstromes in der Schlagader den Blutzufluß mindert, durch Kompression der Arteria brachialis oder durch Umschnürung des Oberarmes mit Riva-Rocci-Manschette oder einem Handtuch. Das Auftreten der beschriebenen Veränderungen ist abhängig von konstitutionellen Verhältnissen (so erkranken junge Leute leichter als Männer, die erst im reiferen Alter zur Anklopfarbeit kommen), ferner von der Art der Maschinen, d. h. von der Schnelligkeit der Schlagfolge, von der Härte oder Unregelmäßigkeit des Schlages. Die Unregelmäßigkeit des Schlages rührt entweder davon her, daß die Hammerstäbe zu weit auseinanderstehen oder daher, daß die Maschine ausgeleiert ist und unregelmäßig läuft. Endlich hat Einfluß die Art des bearbeiteten Materials, da schweres Schuhwerk mehr Kraftaufwand erfordert als leichteres Schuhwerk und Luxusschuhe, schließlich auch von der Sorgfalt der geleisteten Vorarbeit. Von Wichtigkeit ist ferner, ob die Arbeit an der Anklopfmaschine durch den ganzen Arbeitstag und täglich geschieht oder ob sie nur zeitweise nach Bedarf geleistet wird, oder ob ein regelmäßiger Wechsel zwischen Anklopfarbeit und anderen Arbeiten durchgeführt ist. Seitens der Arbeitnehmerorganisationen ist angeregt worden, die Anerkennung der beschriebenen Schädigungen der Anklopfer als Berufskrankheit zu erwirken. Die Erhebungen sollen Grundlagen geben für die Frage der Häufigkeit und Schwere der in Rede stehenden Erkrankungen.

Verlag von Julius Springer / Berlin

Schriften aus dem Gesamtgebiet der Gewerbehygiene. Herausgegeben von der Deutschen Gesellschaft für Gewerbehygiene in Frankfurt a. M., Platz der Republik 49.

Heft 6: **Die Meldepflicht der Berufskrankheiten.** Eine Umfrage, bearbeitet von Dr. **E. Francke**, Frankfurt a. M., und Sanitätsrat Dr. **Bachfeld**, Offenbach. 52 Seiten. 1921. RM 1.60

Heft 7, I. Teil: **Bleivergiftung und Bleiaufnahme.** Ihre Symptomatologie, Pathologie und Verhütung mit besonderer Berücksichtigung ihrer gewerblichen Entstehung und Darstellung der wichtigsten gefahrbringenden Verrichtungen. Von **Thomas M. Legge** und **Kenneth W. Goadby**. Übersetzt von Dr. **Hans Katz†**. Herausgegeben und mit Anmerkungen versehen von Dr. **Ludwig Teleky**. Mit 6 Textabbildungen und 2 Tafeln. Nebst einem Anhang: Die deutschen und deutschösterreichischen Verordnungen zur Verhütung gewerblicher Bleivergiftung. Zusammengestellt im Institut für Gewerbehygiene von Else Blänsdorf, Bibliothekarin. VIII, 372 Seiten. 1921. RM 13.—

II. Teil: **Bleiliteratur.** Veröffentlichungen über Bleivergiftung, Spezialberichte und Merkblätter, Textangabe der Bleiverordnungen für das Deutsche Reich, Deutschösterreich und außerdeutsche Staaten. Zusammengestellt im Institut für Gewerbehygiene von Else Blänsdorf, Bibliothekarin. IV, 108 Seiten. 1922. RM 3.60

Heft 8 bis 10: **Internationale Übersicht über Gewerbekrankheiten** nach den Berichten der Gewerbeinspektionen der Kulturländer. Mit Unterstützung von Dr. **Ludwig Teleky** bearbeitet von Professor Dr. **Ernst Brezina**, Wien.
Übersicht über das Jahr 1913. VIII, 143 Seiten. 1921. RM 4.80
Übersicht über die Jahre 1914—1918. XII, 270 Seiten. 1921. RM 10.—
Übersicht über das Jahr 1919. VII, 118 Seiten. 1922. RM 4.20

Heft 11: **Die deutsche Bleifarbenindustrie vom Standpunkt der Hygiene.** Nach eigenen Untersuchungen 1921—1922. Von Geh. Hofrat Professor Dr. **K. B. Lehmann**, Direktor des Hyg. Inst. Würzburg. VI, 95 Seiten. 1925. RM 3.90

Heft 12: **Theophrastus von Hohenheim, genannt Paracelsus: Von der Bergsucht und anderen Bergkrankheiten.** Bearbeitet von Professor Dr. **Franz Koelsch**, Ministerialrat, München. Mit 1 Bildnis. VI, 70 Seiten. 1925. RM 4.80

Heft 13: **Über die Gesundheitsgefährdung bei der Verarbeitung von metallischem Blei** mit besonderer Berücksichtigung der Bleilöterei. Von Dr. med. **Hans Engel**, Berlin. IV, 40 Seiten. 1925. RM 2.70

Heft 14: **Was muß der Arzt von der neuen Verordnung über die Einbeziehung der Berufskrankheiten in die Unfallversicherung wissen und welche Pflichten ergeben sich für ihn daraus?** Versicherungsrechtliche und ärztliche Hinweise. Unter Mitarbeit von Professor Dr. Hayo Bruns, Gelsenkirchen, Geh. Sanitätsrat Dr. Cramer, Cottbus, Dr. Martius, Berlin, Ministerialrat Professor Dr. Thiele, Dresden herausgegeben von den **Fabrikärzten der chem. Industrie**. Mit 6 Abbildungen im Text und 1 Spektraltafel. IV, 72 Seiten. 1925. RM 4.50

Heft 15: **Die deutsche Fabrikpflegerin.** Von Dr. **Ludwig Schmidt-Kehl**, Assistent am Hygienischen Institut der Universität Würzburg. 31 Seiten. 1926. RM 1.80

Heft 16: **Gewerbestaub und Lungentuberkulose (Stahl-, Porzellan-, Kohle-, Kalkstaub und Ruß).** Eine literarische und experimentelle Studie von Professor Dr. med. **K. W. Jötten**, Münster i. W., und Dr. med. **W. Arnoldi**, Münster i. W. Mit 105 Abbildungen. VI, 256 Seiten. 1927. RM 27.—

Heft 17: **Die Staublungenerkrankung (Pneumonokoniose) der Sandsteinarbeiter.** Von Professor Dr. **A. Thiele**, Ministerialrat, Dresden, u. Stadtmedizinalrat Dr. **E. Saupe**, Dresden. Mit 22 Abbildungen. III, 69 Seiten. 1927. RM 6.90

Heft 18: **Die Beseitigung der beim Tauch- u. Spritzlackieren entstehenden Dämpfe.** Im Auftrag des Technischen Ausschusses der Deutschen Gesellschaft für Gewerbehygiene bearbeitet von Oberregierungs- und -gewerberat **Wenzel**, Oberingenieur **Alvensleben**, Techn. Aufsichtsbeamter der Berufsgenossenschaft der Feinmechanik und Elektrotechnik und Gewerberat a. D. Dr. **Witt**, Techn. Aufsichtsbeamter der Berufsgenossenschaft der Chemischen Industrie in Berlin. Zweite, neubearbeitete und ergänzte Auflage. Mit 38 Abbildungen. V, 47 Seiten. 1930. RM 3.90

Heft 19: **Ergographische Studien über die Funktion der Handstrecker bei Arbeitern verschiedener Bleigefährdung.** Zugleich ein Beitrag zur Frage der Vergleichsmöglichkeit ergographischer Untersuchungen symmetrischer Muskelgruppen. Von Dr. med. **Carl E. Albrecht**, Bremen. Mit 20 Abbildungen. III, 62 Seiten. 1928. RM 6.—

Heft 20: **Gewerbliche Augenschädigungen und ihre Verhütung.** Von Dr. med. **O. Thies**, Augenarzt in Dessau. Mit 35 Abb. IV, 43 Seiten. 1928. RM 4.80

Heft 21: **Das Sandstrahlgebläse** unter besonderer Berücksichtigung der Maßnahmen zur Vermeidung von Schädigungen bei seiner Verwendung. Im Auftrag des Technischen Ausschusses der Deutschen Gesellschaft für Gewerbehygiene, unter Mitwirkung von Reichsbahnrat E. Lehmann, Nied a. Main, Gewerberat W. Vogel, Halberstadt, bearbeitet von Oberregierungsgewerberat a. D. **K. R. Maukisch**, Leipzig, und Oberingenieur **H. Sperk**, Leipzig. Mit 44 Abbildungen. V, 46 Seiten. 1928. RM 5.70

MIX
Papier aus verantwortungsvollen Quellen
Paper from responsible sources
FSC® C105338

If you have any concerns about our products,
you can contact us on
ProductSafety@springernature.com

In case Publisher is established outside the EU,
the EU authorized representative is:
**Springer Nature Customer Service Center GmbH
Europaplatz 3, 69115 Heidelberg, Germany**

Printed by Libri Plureos GmbH
in Hamburg, Germany